14歳の
WORLDLY WISDOM FOR 14 YEARS OLD
世渡り術

宇宙を仕事にしよう!

村沢譲

河出書房新社

宇宙を仕事にしよう!　もくじ

はじめに 8

ミッション1

宇宙に行くっておもしろい！ 11

宇宙飛行士になりたい 12
油井《ゆい》亀美也《きみや》（JAXA 有人宇宙技術部門 宇宙飛行士運用技術ユニット 宇宙飛行士）

ロケット管制官になりたい 38
前田《まえだ》真紀《まき》（JAXA HTV技術センター 技術領域主幹 HTV〈こうのとり〉フライトディレクタ）

大地にも、精密検査が必要だ 60
勘角《かんかく》幸弘《ゆきひろ》（JAXA 第一宇宙技術部門 ALOS-2プロジェクトチーム 主任研究開発員）

ミッション 2

宇宙で働くマシーンを創ろう！ 83

電気推進ロケットの研究開発がしたい 84
西山和孝《にしやまかずたか》（JAXA 宇宙科学研究所 宇宙飛翔工学研究系 准教授）

ロケットエンジンをこの手で造りたい 106
堀秀輔《ほりしゅうすけ》（JAXA 第一宇宙技術部門 H3プロジェクトチーム 主任研究開発員）

月面で動く車両を目指して 130
若林幸子《わかばやしさちこ》（JAXA 宇宙探査イノベーションハブ 研究領域主幹）

ミッション3

ミッション4

はじめに

「宇宙にかかわる仕事」というと、あなたはどんな職業を思い浮《う》かべるでしょうか。

宇宙ステーションに行き、いろいろな実験をしたり地球の様子を伝えたりする宇宙飛行士は、メディアにもたくさん出ますし、いちばん有名で子どもたちの憧《あこが》れの職業でしょう。だからこそ競争率も高く、なりたければ必ずなれるというわけではありません。

ただし、「宇宙にかかわる仕事」は他にもたくさんあるのです。

人工衛星や探査機を打ち上げるためのロケットを開発している技術者。

探査機を開発し、宇宙や地球の観測をしている人。

将来、月や火星に人間が行ったときの建物や乗り物を研究している人。

望遠鏡で宇宙を観測し、宇宙や星の謎《なぞ》を解き明かそうとする天文学者。

考えを広げれば、まだまだたくさん存在しますし、日々発展を遂《と》げている分野だけに、これから新たな仕事が生まれてくることも考えられます。

それでも、自分には関係がないと思っている人も多いでしょう？「宇宙にかかわる仕事」というと人類の英知の結晶《けっしょう》であり、さまざまな分野の超《ちょう》一流の人たちしかなれないのだと……。

しかし、けっしてそうではありません。

最初から宇宙飛行士や天文学者を目指し、なるべくしてなった人など、ひと握《にぎ》りにすぎないのではないでしょうか。多くの人は自分自身の夢を抱《いだ》くことから、あるいは自分の仕事に一生懸命《けんめい》向き合うことからはじめ、その結果、一歩一歩夢を実現していったのです。

この本は、宇宙開発や天文学など、宇宙にかかわるさまざまな仕事をリードしている人たちに、宇宙への夢を抱いてから夢を実現するまでのお話を聞いて、同じ宇宙への夢を見ている読者のみなさんに向けてまとめたものです。

現在、宇宙にかかわる仕事の最前線で仕事をしている人たちは、どんなきっかけで宇宙への夢を抱き、どんなことに苦しみ、どうやってその困難を乗り越《こ》えたのでしょうか。また逆に、いちばん嬉《うれ》しかったことはなんでしょうか？　大きなプロジェクトが成功したときは、どんな気持ちを抱いたのでしょうか？

そして、宇宙にかかわる仕事を目指すあなたたちへ、今できること、これから心がけるべきことなどのアドバイスとは？

人一倍の努力と才能も必要でしょう。でも、やる前から諦《あきら》める必要なんてないのです。

この本に登場するさまざまなジャンルの人たちの言葉によって、「宇宙にかかわる仕事」がけっして遠く離《はな》れたところにあるものではないことを、感じていただければと思います。

ミッション 1

宇宙に行くって
おもしろい！

WORLDLY WISDOM
FOR 14 YEARS OLD

mission

宇宙飛行士になりたい

「宇宙にかかわる仕事」というと、宇宙飛行士を思い浮《う》かべる人は多いでしょう。

これまで宇宙に行った日本人は全部で十一人。一九九〇年に最初に宇宙に行ったのは、テレビ局の職員だった秋山豊寛《あきやまとよひろ》さんで、民間人宇宙飛行士としてソ連（現在のロシア）のソユーズ宇宙船で宇宙に行き、宇宙ステーション・ミールに滞在《たいざい》しました。

一九九二年九月には、毛利衛《もうりまもる》さんが日本人として初めてスペースシャトルで宇宙に飛び立ち、以後、向井千秋《むかいちあき》さん、若田光一《わかたこういち》さん、土井隆雄《どいたかお》さん、野口聡一《のぐちそういち》さん、星出彰彦《ほしであきひこ》さん、山崎直子《やまざきなおこ》さん、古川聡《ふるかわさとし》さん、油井亀美也《ゆいきみや》さん、大西卓哉《おおにしたくや》さんが宇宙に行っています。

JAXA（宇宙航空研究開発機構）の宇宙飛行士になるには、定期的ではありませんが、必要に応じて宇宙飛行士の募集《ぼしゅう》があり、選抜《せんばつ》試験を受けなければなりません。

選抜試験はこれまでに一九八五年、一九九二年、一九九六年、一九九九年、二〇〇九年の計五回行われています。

宇宙飛行士の試験には、応募書類審査《しんさ》、第一次選抜、第二次選抜、第三次選抜があり、英語試験、一般《いっぱん》教養・自然科学等の筆記試験、面接試験、精神・心理学的な検査などが行われ、総合的な評価によって宇宙飛行士候補者が選ばれます。

直近の二〇〇九年に行われた選抜試験では、これまでで最多の九百六十三人が応募、最終的に油井亀美也さん、大西卓哉さん、金井《かない》宣《のり》茂《しげ》さんの三人が宇宙飛行士に選ばれています。

油井さんは二〇一五年七月～十二月、国際

PROFILE

油井亀美也（ゆい・きみや）

JAXA　有人宇宙技術部門
宇宙飛行士運用技術ユニット　宇宙飛行士

1970年長野県生まれ。1992年3月、防衛大学校理工学専攻《せんこう》卒業。同年4月、防衛庁（現・防衛省）航空自衛隊入隊。2008年12月、防衛省航空幕僚監部《ばくりょうかんぶ》に所属。2009年2月、国際宇宙ステーション（ISS）に搭乗《とうじょう》する日本人宇宙飛行士の候補者として、大西卓哉とともに選抜される。2015年7月～12月、ISS第44次／第45次長期滞在クルーのフライトエンジニアとしてISSに約142日間滞在した。

宇宙ステーション（ISS）第四十四次／第四十五次長期滞在クルーとして、百四十二日間にわたり宇宙に滞在し、宇宙補給機「こうのとり」のキャプチャを成功させ、さまざまな実験や新しい実験装置の設置、ISSのメンテナンス、船外活動の支援《しえん》などを行いました。

これからの宇宙飛行士の仕事は「深宇宙探査」

――宇宙飛行士の仕事とは、どんなものなのでしょうか？

油井　宇宙飛行士にはいろいろな仕事があります。

宇宙船や国際宇宙ステーション（ISS）の運用、宇宙での実験や観測などです。一九九八年にISSの組み立てがはじまり、スペースシャトルで宇宙に行っていた時代の宇宙飛行士の大きな役割のひとつは「ISSを組み立てること」でした。今では、ISSでの宇宙飛行士の主な活動は、さまざまな実験になっています。

宇宙飛行士は実験もできなくてはいけないし、機械のメンテナンスもできなくてはいけません。さらに長期間宇宙にいる場合、自分の身体《からだ》（健康）の管理もしなければなりません。いろいろなことができるというのが、宇宙飛行士の重要な要素になっていると思います。

これからの宇宙飛行士の役割は、月や火星、小惑星《しょうわくせい》帯など「深宇宙」の探査がメインになってくると思います。ＮＡＳＡ（アメリカ航空宇宙局）はそのような時代を見据《みす》えて、現在、ＩＳＳでさまざまな実験を行うと同時に、深宇宙探査のテストベッド（試験台）としてＩＳＳを利用するということをはじめています。ＮＡＳＡの宇宙飛行士、スコット・ケリー*さんが、二〇一五年三月からおよそ一年間にわたってＩＳＳに滞在したのも、さらに遠くの宇宙へ行くための準備になっているのです。

――宇宙飛行士候補者に選ばれたときは、どんな気持ちでしたか？

油井　宇宙飛行士は長年の夢でしたから、もちろん嬉《うれ》しかったのですが、「ほんとに自

＊　**スコット・ケリー**｜2015年3月からおよそ一年間、ISSに長期滞在した宇宙飛行士。宇宙空間連続滞在340日、通算滞在日数520日というアメリカ人最長記録を持っている。

分にできるのかな」とプレッシャーも感じました。宇宙飛行士がどんな仕事かはよく知っていたので、「責任重大だな」とも思いました。また、宇宙飛行士候補者になって、正式な宇宙飛行士になるときには、しだいに自分の足りないところが見えてくるので、「やらなければならないことがたくさんあるな」とも思いましたね。

誰《だれ》でも新しいことをはじめるときには心配になると思います。でもそんなときには「心配だ、心配だ」とネガティブに考えるのではなく、「心配なことの原因」を明確にしていくことが大切です。

私の場合、心配の原因は主に「自分の能力が足りない」ということでした。それを努力で変えていける力を、多くの宇宙飛行士は持っている気がします。

実際に宇宙飛行士ひとりひとりを見てみると、もちろんそれぞれ専門分野は持っていますが、すごく優《すぐ》れた面を持っているというより、あまり大きな欠点がなく、平均的な能力を持っている人が多いように感じます。そういうバランスのよさとさまざまなフェイズ（局面）ごとに、考え方を変えていける柔軟《じゅうなん》さも必要です。

宇宙での活動の準備の段階では、神経質すぎるくらいに「こうなったらどうしよう」

と検討するのですが、ずっと準備をしているわけにはいかないので、どこかで実行しなければなりません。実行の段階になったら「もうここまでやったのだから」と、自信を持って楽観的に実行していくというのがいいですね。

――小学校の卒業文集に「二十年後は火星に行っていると思います」という作文を書いたことは、よく知られていますね。

油井　長野県で生まれ、星がすごくきれいに見える地域で育ったので、小さい頃《ころ》から星に興味を持っていました。小学校三年生くらいの頃から、天体望遠鏡で星を見ていたりしたので、将来は宇宙飛行士か天文学者になりたいと思っていましたね。

宇宙飛行士になろうと思ったきっかけは、星空がきれいに見えたことがいちばん大きいです。夜、家から外に出ると満天の星空でした。そういう意味では運がよかったですね。

すごい数の星を見て、ひとつひとつの星が太陽と同じような恒星《こうせい》なんだと思うと、信じられないような気持ちになりました。

小さい頃からいろいろなものに興味を持つというのは大事です。宇宙や星に限らず、興味を持って続けていくと、自分の知識を広げることにもなるし、その結果として「宇宙飛行士になりたい」と思ったとしても非常に役立つと思います。

宇宙飛行士は、いろいろなことに興味を持っていて、試《ため》してみる人も多くいます。宇宙飛行士は理系というベースはありますが、理系と言っても、エンジニア、医師、生物学者などいろいろな人がいるし、私のようなパイロットもいます。

宇宙飛行士を目指すには、好奇心旺盛《こうきしんおうせい》な人のほうがいいのではないでしょうか。

生まれつき宇宙飛行士に向き不向きがあるということではないと思います。また、私が宇宙飛行士候補になったのは三十九歳《さい》のとき、初めて宇宙に行ったのは四十五歳のときだったわけですから、大人になってから宇宙飛行士を目指しても遅《おそ》くありません。

宇宙飛行士になるには、「人間力」を高めること

――ＪＡＸＡの公式ホームページには、宇宙飛行士の応募条件として「自然科学系（理学、工学、医学、歯学、薬学、農学）の大学を卒業し、その分野での三年以上の実務経験がなければならない」と書かれています。宇宙飛行士になりたいと思ったら、どんな分野のスペシャリストになっておくといいでしょうか。

油井　宇宙飛行士になるには医師やエンジニア、物理学者だと有利というよりは、宇宙飛行士はチームワークですから、リーダーシップ、リーダーを支えるフォロワーシップ（リーダーを補佐《ほさ》する能力）が重要です。チームワークで仕事をするのが苦手だと、宇宙飛行士になるのは難しいと思います。

逆に言うと、チームワークを得意としていると、宇宙飛行士になるのに有利だということです。基礎《きそ》的な物理などの知識は、宇宙飛行士になってから教えてもらえますので、

宇宙飛行士を目指す場合、〇〇のスペシャリストになるということは、あまり意識しなくていいのではないでしょうか。

宇宙飛行士の仕事はひとりでやるのではなく、ISSにいる仲間たちと協力しあって進めていきます。他のクルーたちと仲良くして、チームとして仕事をこなし、自分の役割をきっちりと果たして進んでいくチームワークが何より大切なのです。

私はよく宇宙飛行士を目指す子どもたちに「お父さんお母さんのお手伝いを積極的にやってください」と言っています。もちろん「これをこうやって」と言われてからやるのではなく、「今、お父さんやお母さんがこういう状況《じょうきょう》にあるから、こういうことをしてほしいんじゃないか」ということを考えて、自分から進んでお手伝いをするのです。

相手のことを思いやって「この人は今こういうことで忙《いそが》しいから、こう手伝ってあげよう」と考えて実行するのは、宇宙飛行士が「地上の管制は今こういう状況だから、宇宙飛行士にはこういうことをやってほしいんじゃないか」と考えて仕事をするのと同じことです。

宇宙でも、相手が「こうしてほしい」と考えていることを予測して、自分の仕事を提案したりすると非常に喜ばれます。そういう意味で、お父さんやお母さんのお手伝いを先読みしてできるようになってほしいと思うのです。

――実際の宇宙飛行士の選抜試験では、チームワークなどの適性はどのように試されるのですか？

油井　宇宙飛行士の最終選抜試験では、応募者がＩＳＳの実験棟《とう》を模した閉鎖《へいさ》空間で一週間、二十四時間監視《かんし》のもとで、さまざまな課題に取り組む適性検査が行われます。

私たちの試験のときも、十人の応募者が閉鎖空間の中で、毎日リーダーを交替《こうたい》しながら課題を与《あた》えられ、チームワークや精神の安定性、仕事の丁寧《ていねい》さなどをチェックされました。

基礎となる科学や数学の知識は大事で、一次、二次試験で試されていますが、最終選抜試験で試されるのはチームワークであり、実際にＮＡＳＡの宇宙飛行士からも面接を受けて、人間としての魅力《みりょく》や力を見られます。

そういう面は、急に取りつくろおうとしてもできません。子どもの頃からクラスでみんなと仲良くするとか、学校行事などでみんなで役割を果たさなければならないときには、しっかり自分の役割を果たすとかいうことが大事になってきます。

宇宙飛行士の仕事は、将来的に「探査」の部分がクローズアップされてくると思いますが、今までどおり地球のまわりを回りながらさまざまな実験をするということも増えてくるでしょう。また、民間のロケットや宇宙船で旅行するということも出てくるでしょうから、今まで以上にいろいろな才能が必要になってくると思います。

私の希望としては、将来、文系の方々や芸術家が宇宙に行って、宇宙の素晴《すば》らしさをみんなに伝えていただきたいですね。宇宙に行ったときの思いを曲にしたり、絵を描《えが》いたり、写真を撮《と》ったりすると素晴らしいと思います。*

宇宙飛行士になるには、まず「人間力」を高めていくこと。それには自分が好きなもの、得意なものを極《きわ》めていって、その分野で宇宙に関する仕事ができるというレベルまで持っていくというのが大事です。

＊　油井さんは国際宇宙ステーションに滞在中、ツイッターに地球、宇宙、宇宙ステーション内の活動など、さまざまな写真を投稿している。

――先ほど「お父さんやお母さんのお手伝い」の話がありましたが、それ以外に普段《ふだん》の生活の中で、どんなことに気をつけていけばいいでしょうか。

油井　理想を言えば、自分で計画を立てて規則正しい生活をする、自分をしっかりコントロールして、部屋のものなどを片づけるといったことが大切です。

そんなことが、と思うかもしれませんが、宇宙ではものは固定しないとふわふわと漂《ただよ》っているので、なくしやすいのです。必ず自分でこれはここに置いたと意識していないと、どこかへ行ってしまいます。宇宙では、なくなったものを探していると、すぐに一時間、二時間と時間が経《た》ってしまいます。作業するときにすぐにツールが見つからないと仕事になりません。

そのため日頃から部屋を整理整頓《せいとん》して、テレビのリモコンは必ずここに置いてあるとか、家のカギは帰ってきたらここに置くとか、自分で習慣づけることが大切になってきます。これは宇宙ではかなり重要な習慣です。

宇宙ステーションの中には、何十万、何百万というものが溢《あふ》れています。それぞれが決められたところにあるというのは非常に大事なことなのです。

宇宙飛行士には「自分にできることはどんどんやる」という資質が求められます。

私も整理整頓は得意ではありませんでしたが、私は普段の仕事を早く終わらせて、次の人のために整理整頓をしました。そういうところは大きく報道されませんし、外からは見えない部分ですが、地上の人たちはよく見ていて、とても感謝されました。

では、ものをなくさないためにはどうしたらいいでしょうか。

誰でも、携帯《けいたい》電話をどこかに置き忘れることがあると思います。私はそれを避《さ》けるために一日一回、必ず携帯電話のアラームを鳴らすことにしています。

宇宙でも、私は携帯情報端末《たんまつ》のアラームを、仕事の最後のミーティングの十分後に鳴らすようにしていました。仕事が終わって「あれ、あの端末はどこに行ったかな？」というときに耳をすますと、アラームが鳴っていて、すぐに見つかるわけです。

そういうことをいつも考えていて、こういう工夫をすればもっといろいろな人が仕事をしやすいのではないか、と創意工夫することは非常に大事です。

苦手なものがあったら、それを好きになる方法を見つける

――宇宙飛行士の訓練でいちばん大変だったのは？

油井　いちばん大変だったのは言語、ロシア語の勉強です。

現在、宇宙飛行士がISSに行くには、ロシアのソユーズ宇宙船が使われていて、カザフスタンのバイコヌール宇宙基地から打ち上げられています。そのため宇宙飛行士は、ロシア語を学ぶ必要があるのです。

私は若い頃アメリカに行って、英語の勉強はずっとしていたのですが、英語を使ってロシア語を勉強することになったときに、これは大変だと思いました。「ロシア語はいやだな」と思っていたら、案の定、一年間くらいまったく成果が出ませんでした。

ロシア語の授業は週に二、三回あるのですが、苦手だと授業のときしか勉強しないし、先生とマンツーマンでしたので、机に座っているのが苦痛で苦痛で、「早く終わらない

かな」とばかり思っていました。宿題もやる気にならないし、最小限だけやって、また次の授業に行って、ということの繰《く》り返しでした。

ロシア語の先生からも呆《あき》れられて、「これではずっと宇宙に行けないな」と危機感を抱《いだ》くほどでした。

でも、「宇宙に行くにはロシア語が必要だ。だったら、ロシア語が好きになればなんとかできるはずだ」と考えました。それからロシア語を好きになる方法を考えて勉強したら、急に成績が伸《の》びていきました。

苦手なものがあったら、それを好きになる方法を見つけてやってみるのも、創意工夫のひとつです。「この勉強は苦しいな。どうやったら逃《に》げられるだろう」と考えるより、やらなければいけないなら、好きになったほうが成績も断然伸びるし、自分も楽しいですよね。たとえ一日や二日の時間を使っても、苦手なことを好きになる方法を考えたほうが、あとの伸びが違《ちが》います。

ロシア語に限らず、大きな目標を達成するためには、やらなくてはいけないことが出てきます。それを克服《こくふく》するには、自分の課題を見つけて、自分がどの部分が弱くて、もっと頑張《がんば》らなくてはいけないのかを自分で見つけることが大切です。

それをやらなければいけないというときに、嫌《きら》いなことを好きになり、楽しむ方法を見つけるのが大事だと思います。いやいややっていると、続かないですからね。

——そうやって油井さんは、困難な局面を乗り越《こ》えてきたのですね。逆にガクッと落ち込《こ》むことはありませんでしたか？

ソユーズ宇宙船に関する訓練として座学を受ける油井宇宙飛行士。（写真提供：JAXA／GCTC）

油井　宇宙飛行士になるには試験の連続で、訓練の結果を確かめるステップが何百とあります。それらの訓練もすべてが一発でできるというものではなく、失敗したりするとやはり落ち込みます。
そういうときはガクッとくるの

ではなく、「成果なんてすぐ出るものではない。それまで自分のやってきたことを信じて続けよう」と考えました。

宇宙開発は非常に難しいので、課題が見つかったとしても、そんなにすぐに解決できるものばかりではありません。「これは絶対解決できるはずだ」という心の強さを持って、地道に継続《けいぞく》してやっていくことが必要です。

ですから、一回や二回失敗しても、それで諦《あきら》めないことが必要だと思います。学校のテストでも、一回や二回、成績が悪かったからといって、落ち込むことはありません。そういうこともあると思って、気持ちを切り替《か》えることが大切です。私も自分の子どもの成績が悪かったときには「まあいいじゃないか」と言っています。

誰でも失敗することはあります。失敗したときに「自分には能力がないんだ」とか「もう駄目《だめ》なんだ」と思いがちです。でもそれは、「自分の課題が見えた」ということなので、次にその課題を乗り越える工夫をしていけば、必ず克服できるのです。

――とはいっても、ひとりだけで考えていては、なかなか問題が解決できないことがあ

「こうのとり」５号機の到着に向けた訓練を行う油井（左）、リングリン両宇宙飛行士。
（写真提供：JAXA／NASA）

りますね。

油井　そういうときには、他の人に助けてもらうことが大切です。私もいろいろな人に助けてもらっているので、失敗したときや落ち込んだときは、私は誰かに素直に言うようにしています。そうするとみんな真《しん》剣《けん》に考えてくれて、「こうしたらいいんじゃないか」とアドバイスしてくれます。

いろいろな人からいろいろな考え方を聞いて、その中からよさそうなものを選んでいくというのがいいのではないでしょうか。失敗したことは他人に言いにくいですが、私の経験から言えば、失敗したときこそ、早く誰かに言ったほうがいいですね。

するとみんなフォローしようとするし、状況が絶対悪化しません。

逆に失敗を隠《かく》していたりすると、にっちもさっちもいかなくなります。

失敗したときは、どんどんなんでも言ってしまったほうがいいですね。

チームワークで宇宙ステーションの危機を救う

――実際に宇宙に行って、いちばん感動したことはどんなことでしょうか?

油井　地球の美しさです。それと地球と宇宙で輝《かがや》いている星の対比が美しくて、感動しました。それをなんとか地上にいる人たちに伝えたいと思って、写真をたくさん撮ったんですが、言葉などでもうちょっとうまく表現できたり、絵に描けたりしたらなあと思っています。

宇宙から見ると「人間って、小さいな」と思いましたし、地球自体も小さく見えて、壊《こわ》れやすいものだな、と思いました。その一方で、自分は宇宙ステーションに行って、長い間生活をしている。「こういうものを作る技術を人間は持っているのだな。人間は小さいけれど、協力すればすごいことができる。宇宙ステーションが作れるのだったら、協力すればなんでもできるのではないか」と実感しました。

地上のニュースを見ると、人間がうまく協力できないために解決できないという問題がたくさんあります。それを見ていると、人間は自らが持っている能力を無駄にしているのではないか、と思いました。「ＩＳＳでみんながやっていることを地上でできれば、地球はすごく住みやすいところになるのに」と思いました。

――二〇一五年八月、国際宇宙ステーションに物資を運ぶ輸送機の失敗が続いたことで、油井さんの滞在するＩＳＳの物資が不足するという事態が起こりました。そんなとき、日本の宇宙ステーション補給機（ＨＴＶ）「こうのとり」５号機が打ち上げられ、それを油井さんがロボットアームでキャッチ。緊急輸送《きんきゆう》した水の濾過《ろか》フィルターなどの物資を無事に届けることに成功し、「チームジャパン」の力を世界にアピールしました。

油井　これは宇宙開発が難しいということの象徴《しょうちょう》です。さまざまな状況の中で「こうのとり」をキャッチできるように訓練していたのですが、管制チームが「こうのとり」を完全にコントロールしてくれていたので、実際には宇宙空間で高速で飛んでいるのに、ほぼ完全に止まっているように見えました。これはすごいチームワークだと思います。アメリカやロシアのスタッフからも「ＨＴＶはすごいな」と言ってもらえましたから。

　あのときは、宇宙飛行士の若田光一さんが、ＮＡＳＡの通信担当のリーダーを務めていました。地上の宇宙飛行士は、上空の宇宙飛行士のために仕事をしているのです。

　宇宙飛行士の仕事は、宇宙で活動するだけでなく、地上で、宇宙にいる宇宙飛行士が行う仕事の手順を確認《かくにん》したり、宇宙で使う機器などについて、宇宙ステーションにいるクルーが仕事をしやすいようにという視点から、アドバイスしたりするといったこともあります。


――二〇一五年八月には、ＩＳＳで人工栽培《さいばい》したレタスを、宇宙空間で初めて試食して

「きぼう」船内実験室にてレタスを持つ油井宇宙飛行士。（写真提供：JAXA ／ NASA）

いますね。「宇宙レタス」の味はどうでしたか？

油井　宇宙空間で栽培された野菜を初めて食べるという歴史的なイベントでしたので、これまで「おいしい」と言っていたのですが、私は野菜はあまり好きではないですし、思い出してみると、苦くてあまりおいしくなかった気がします（笑）。私の実家は農家で、レタスも作っていますが、父親が地球で作っていた野菜のほうがおいしいですし、宇宙で育てた野菜は、味の面ではこれからの課題なのかなという気がします。

月や火星など深宇宙の探査になると、宇

宙船の中で植物を育てることも重要になってきます。栄養の面も重要ですが、やはりおいしくないと困ると思います。

宇宙では、食べ物は大切です。食べ物がおいしいとやる気が出てきますし、逆にまずいものをずっと食べていると士気が下がってきます。そういう意味でもおいしい野菜を作るというのは、大事な研究ではないかと思います。

一週間二週間ならともかく、何カ月にもわたって宇宙にいる場合は、宇宙船の中にあるものしか食べるものがないわけですから、栄養があればいいというだけでなく、自分がそこに行ってこれをずっと食べ続けたらどうか、ということを考えていただくと、素晴らしい研究になるのではないでしょうか。

宇宙食の研究をされている方にも、「これを家に持って帰って家でも六カ月食べ続けられなければ駄目なんです」「おなかが減ってもこれしか食べるものがないと思って研究してもらえませんか」と言っています。

次に宇宙へ行く宇宙飛行士がしっかり仕事ができるということが大事なので、厳しめの意見を言いますが、研究所で一度だけ食べて「おいしかった。これだったら宇宙飛行士にもいいだろう」という研究だと、なかなか宇宙飛行士にも満足してもらえないと思います。

私たちもミッションが終わったあとに「ここがよかったです」「こういうところは、もっと頑張ってください」と意見を言います。たとえ厳しい意見でも、お互《たが》い信頼《しんらい》関係があれば「あの人がこう言うのだから、真剣に考えよう」と取り入れてくれ、どんどんいい方向に行きます。そういう意味でのチームは大切です。

先輩《せんぱい》の宇宙飛行士たちから引き継《つ》いで、宇宙に滞在するときの環境《かんきょう》も、どんどんよくなってきているという実感はあります。日本の宇宙ステーション実験棟「きぼう」自体、先に宇宙に行った宇宙飛行士が「この装置は使いづらかったので、改良してください」と伝えると、その意見が尊重されて改良されるので、最初の頃とくらべて使いやすくなっています。

たとえば、無重力状態だといろいろなものを置いておけないので、マジックテープがついているというのが必須《ひっす》です。私も、実際に宇宙で活動した経験をもとに、ネジははずれずに留まっているものを用意してほしい、それができないのなら予備を用意しておいてほしい、という意見をこと細かく言っています。

また無重力状態では重さはありませんが、物そのものの質量は感じます。質量の大きなものは動かしにくく、一度動きはじめるとなかなか止まりません。無重力状態では体がふわふわしているので、「重いものを運ぶときには、このあたりにハンドレールが必要ですよ」「足を固定できないと駄目ですよ」という意見を言います。

――最後に、宇宙飛行士を目指す人たちにアドバイスをお願いします。

油井　宇宙飛行士は、今のところ簡単になれるものではありません。ただ「宇宙飛行士になりたい」という大きな目標があれば、それに向かってひとつひとつ、今やらなければならないことをやっていってほしいと思います。それによって自分の能力も上がっていくし、未来への道も広がっていくので、結果として宇宙飛行士が視野に見えてくることになります。

今、自分がやっている勉強や仕事以上に大切なものはありません。今やらなければならないことをひとつひとつやっていってほしいと思います。それが勉強のときもあれば、お手伝いのときもあります。そうしていれば、少しずつ、見えないところで成果が出てくるはずです。

mission

ロケット管制官になりたい

日本が開発した宇宙ステーション補給機（HTV）「こうのとり」は、国際宇宙ステーション（ISS）に補給物資を運ぶための無人の宇宙船です。「こうのとり」は、最大で約六トンという世界最大級の補給能力で大型の実験装置や補給物資などを搭載《とうさい》することができます。「こうのとり」は、二〇一五年八月に打ち上げられた5号機まで一度の失敗もなく、すべてのミッションに成功し、ISSの運用には欠かせない存在になっています。

事前に予測して、検討しつくしたことは起こらない

――現在の仕事について教えてください。

前田　「こうのとり」は、簡単に言うと国際宇宙ステーション（ＩＳＳ）に荷物を運ぶ宇宙船です。そして、その宇宙船を安全に宇宙ステーションまで届けるというのが、私の仕事です。フライトディレクタというのは、「こうのとり」を安全にＩＳＳまで飛行させるチーム（フライトコントロールチーム）の統括《とうかつ》役です。

「こうのとり」が飛行している時間はだいたい一週間弱くらいで非常に短いのですが、その間だけ「進め」「止まれ」「右向け」「左向け」と指令をしていればいいのかというと、そうではありません。

　ＩＳＳに向けて「こうのとり」を打ち上げるわけですが、ＩＳＳは実際には宇宙空間を秒速七・七キ

PROFILE

前田真紀（まえだ・まき）

JAXA　HTV技術センター　技術領域主幹
HTV（こうのとり）フライトディレクタ

1972年静岡《しずおか》県生まれ。日本女子大学家政学部家政理学科Ⅰ部卒。1995年、宇宙開発事業団（NASDA、現・宇宙航空研究開発機構　JAXA）入社。

ロメートルという非常に速いスピードで飛んでいます。これはだいたい東京から大阪まで約六分で到着《とうちゃく》するスピードです。

そんな猛《もう》スピードで飛んでいるISSに、「こうのとり」は同じスピードで近づいていくので、もし何かのトラブルが起こったら大変なことになります。まず、ISSに滞《たい》在《ざい》している宇宙飛行士の安全が第一、次に搭載している物資や実験装置などの機器の安全、他にもいろいろ気をつけるべき点があります。それらをふまえて、「こうのとり」をいかに安全にISSまで飛ばすかという下準備を日々行っています。

ISSの運用は、アメリカのヒューストンにある運用管制センターが行っています。「こうのとり」は、日本の筑波《つくば》にある運用管制室で運用しているので、最終的にはヒューストンの運用管制官と直接会話をして、今、ISSがどういう状況《じょうきょう》なのか聞きながら、「ここから近づいていいですか?」といった、まるで指さし確認《かくにん》のような形で進めていきます。そのための手順書やルールを日々、NASA(アメリカ航空宇宙局)と調整しながら作っています。

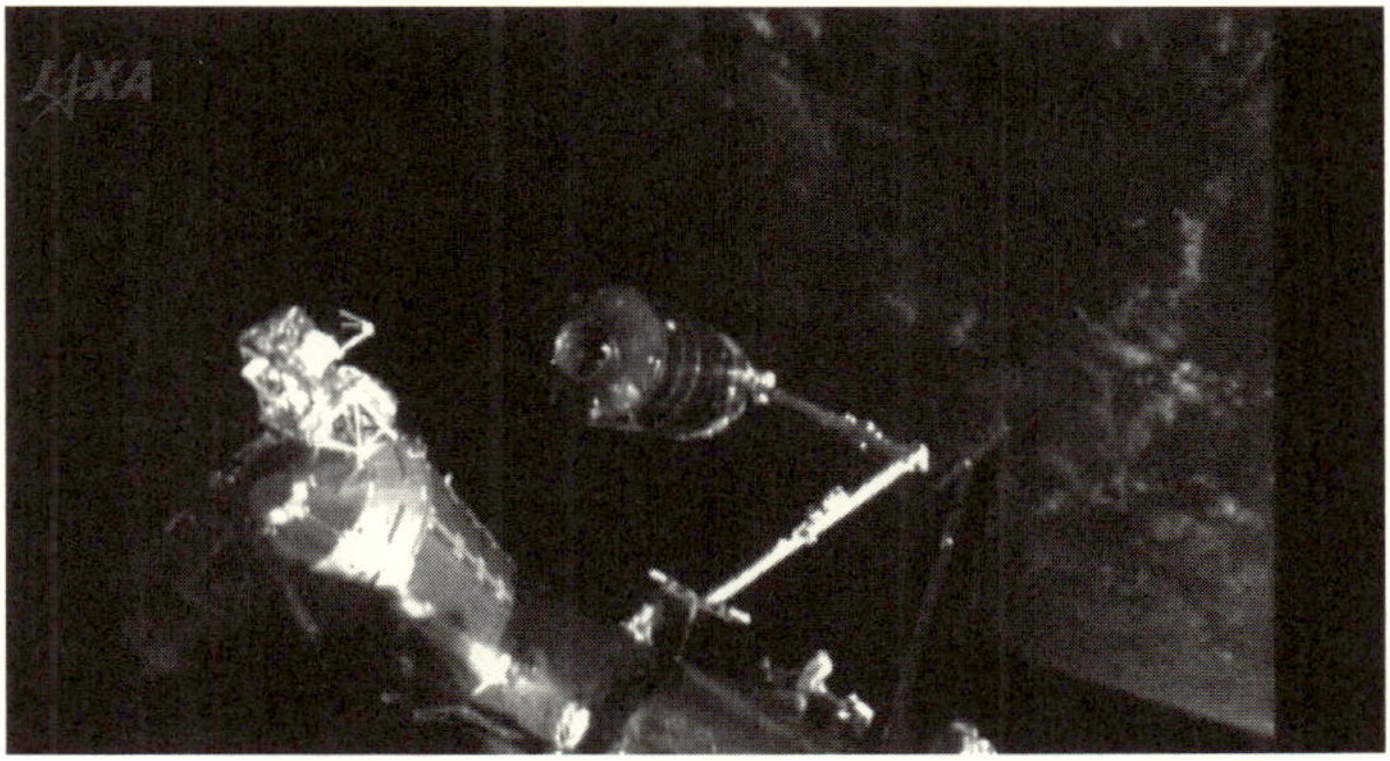

ISSのロボットアームに把持（はじ）された「こうのとり」5号機。（写真提供：JAXA／NASA）

――「こうのとり」はまだ一度も失敗がないですね。

前田　あまり天狗《てんぐ》にならないようにとは思っていますが、おかげさまでこれまで全機成功しています。号機を重ねるごとにプレッシャーも大きくはなっていますが、毎回「絶対失敗してはいけない」と言い聞かせながら、日々そのための準備をしています。

我々運用管制官には、「事前に起こりうることを予測し、検討しつくしたことは起こらない」というジンクスのようなものがあります。事前にどれだけ小さなトラブルの芽をつぶしておくかで、ミッションの成否が決まると思っています。

——二〇一五年八月に打ち上げられた「こうのとり」5号機では、ISSに不足していた水を多く運んだということですが、二〇一六年度内打ち上げ予定の6号機は主にどのようなものを運ぶのですか？

前田　6号機でも多くの水を運びますが、今回の荷物でいちばん大きいのは、バッテリーですね。機械が電池で動くのと同じように、ISSにも電池（バッテリー）が装備されています。

そのバッテリーが、宇宙に打ち上げられて十年近く経《た》って老朽化《ろうきゅう》したため、これらのバッテリーをすべて日本製のリチウムイオン電池に替《か》えることになったのです。

そのバッテリーは非常に大きく、ひとつの電池が、縦横約一メートル、幅《はば》四十八センチ、重さが百九十七キロあります。6号機ではこのバッテリーを六個運びます。「こうのとり」は、このバッテリーを六個ずつ四回、計二十四個をISSに運ぶ予定で

「こうのとり」５号機の分離時のHTV運用管制室の様子。（写真提供：JAXA）

す。

ただ、バッテリーはＩＳＳでも宇宙飛行士が簡単に近づけない宇宙空間にあるので、「こうのとり」の中に収納して運ぶと外に出すのが大変です。そのため、「曝露《ばくろ》パレット（船外実験装置やＩＳＳのバッテリーを輸送するための荷物台）」に載《の》せて運びます。このような対応ができるのはＩＳＳへの輸送船の中でも「こうのとり」だけです。そうして我々は、日本がＩＳＳに参加することが決まっている二〇二四年まで「こうのとり」を安全に使い続け、ＩＳＳの生命線を担《にな》う任務を負っています。

――「こうのとり」5号機を打ち上げる直前に、アメリカから荷物を依頼《いらい》されたということですが？

前田　直前でも、それなりの量の荷物を積み込《こ》めるのが「こうのとり」の大きな特長です。5号機のときは打ち上げ直前に、鹿児島《かごしま》県にある種子島《たねがしま》宇宙センターに直接NASAの飛行機が着陸して、荷物を積み込んだということがありました。

さすがにあのときは、そのまますぐには積み込めなかったのですが、積み方を工夫するなどして対応しました。持ち込まれた荷物もISSのライフラインに必要な装置だったので、なんとか届けようと地上のクルーがとても頑張《がんば》ってくれました。

5号機に積み込んだNASAの荷物に関しては、直前にシグナス宇宙船3号機（オービタル・サイエンシズ社の無人宇宙補給機）が失敗したことで、もしかしたらシグナスに搭載予定だった荷物を「こうのとり」で運んでほしいという依頼が来るかもしれないとチームで検討してはいたのですが、あれだけ直前に、種子島に直接運び込むというのはかなり想定外でした。本当に無事に届けられてよかったと思っています。

事前に検討するといっても、その荷物がいつ来るのか、どんな大きさのものか、中身はなんなのかということは、まったく我々には想像がつきません。シグナスに搭載していた荷物のリストはありますから、そこから予想するしかありませんでした。そこから先は、ＮＡＳＡからのオーダーが来た時点で、これは載せられるか載せられないか、ということを、個別に判断していくしかなかったですね。

最初は天文学者を目指していた高校生時代

――現在の仕事に就《つ》こうと思ったのは、何歳《さい》くらいのときでしょうか？

前田　実はあまり、宇宙を仕事にしようと思ったことはなくて、こういう仕事が存在していることさえ知らなかったのです。そういう意味で、今回の宇宙に関する職業を紹介《しょうかい》する本などがあって、今の子どもたちは本当に羨《うらや》ましいなと思います。

当時、ＮＡＳＤＡ（宇宙開発事業団）という組織を知ったのは大学に入ってからですし、もしかしたらここ（現・ＪＡＸＡ）で働けるかもしれないと思ったのは、大学の就職活動中でした。

子どもの頃《ころ》、ちょうど私が小学生の頃は、毛利衛《もうりまもる》さんたちが宇宙飛行士に選抜《せんばつ》されて、スペースシャトル・チャレンジャー号の事故*があったのが中学生のときだったのですが、そういうことも別世界の出来事で、まさか将来自分がかかわれるなんて、とても思えませんでした。ただ、「宇宙飛行士ってすごいな」とか「スペースシャトルのように大きなものを宇宙に打ち上げるなんて、すごい人たちがいるんだな」とは漠然《ばくぜん》と思っていましたね。

宇宙飛行士を目指したということもなく、「宇宙に行ってみたい」とは思いましたが、実際に宇宙の仕事を意識したのは、大学に入ってからでした。

私はどちらかというと天文に興味があったので、高校に入るくらいのとき、漠然と天文学者に興味を持っていました。毎日星を眺《なが》めて、自分の好きな研究をしているという職業があるというのを知って、いいな、と思っていました。

天文に興味を持った最初のきっかけは、小学校の理科の宿題です。小学校四年生の頃

＊　**チャレンジャー号爆発事故**｜1986年1月28日、アメリカのスペースシャトル・チャレンジャー号が打ち上げ直後に爆発・分解し、7名の乗組員全員が死亡した事故。

だと思うのですが、星の日周運動を観察するという宿題が出ました。

縦長の箱で観測装置を作り、毎日星の動きを観測していました。そのときに初めて、観測するためにとくに明るい星を探して「あれはなんという星だろう」と思ったり、いろいろ星座を調べたりしていました。

それまでまじまじと星を観察するということがなかったので、新鮮《しんせん》だったのかもしれません。星が毎日規則性を持って動いていることが非常に不思議でした。またそれまで見ていた星は単純な明るい「点」でしたが、星座が見分けられるようになると、星座にまつわる神話の世界などが見えてきて、一気に星の見方が変わりましたね。

小学校五年か六年の頃、ハレー彗星《すいせい》がやってくることを知ると、すぐに親に「これだけは欲しい」と頼《たの》んで天体望遠鏡を買ってもらいました。

それで望遠鏡の説明書などを読みながら使っていると、望遠鏡の原理なども気になってきて「なぜ遠くの天体が見えるんだろう」「なぜ副鏡で見ると天体は上下左右逆さまに見えるのに観測用レンズをつけるとまっすぐに見えるんだろう」などと考えて、屈折《くっせつ》の原理とかレンズの仕組みとか、そういったものを実際に望遠鏡を触《さわ》って観察しながら覚えていきました。

ハレー彗星は、見逃《みのが》すと七十六年経たないとやってこないわけですから、なんともいえない気持ちで観測していました。

――現在の仕事に就くために、どんな勉強をしましたか?

前田　私の場合は、希望と進路の方向が当たらずといえども遠からずで、ラッキーだったのかなと思います。

もともと数学は苦手だったのですが、物理はおもしろくて、熱心に取り組んでいました。大学進学の際、最初、天文学部という進路も考えたのですが、志望校とレベルの差があったので、「だったら、いちばん近い物理学をやってみよう」と考え、物理学を学べる学部に入ったのです。

私は、「航空宇宙工学」を学んだわけでもなんでもなく、単に物理学を学べる学科に入り、普通《ふつう》に物理を勉強していたというだけなのです。時代もあるのかもしれませんが、なんとなくそっちに向かっていたら、現在の仕事につながる道が拓《ひら》けたというところはあります。

それと、少しくらい的が外れていても、諦《あきら》めなかったということはあるかもしれません。諦めてしまうと何も拓けないですよね。宇宙にかかわれる仕事は、いろいろなものがあります。たとえば宇宙工学をやることだけが、宇宙への道ではないと、私は思います。

本当に自分の夢をずっと持ち続けていられれば、とても素晴《すば》らしいことだと思いますが、将来、何か新しいことに興味を持って、夢が変わるかもしれません。そんなことを考えたら、ひとつの夢に固執《こしつ》するより、もう少し広く視野を持って構えていてもいいのではないかと思いますね。

忘れられない「自分の手を動かす」ことの大切さ

――これまで仕事の中で、いちばんつらいと思ったことはなんですか？

前田　最初、私は人工衛星の追跡管制《ついせき》の部署で、「運用」という仕事をしていました。追跡管制部というのは、「運用」を生業《なりわい》にしている部署なので、私のJAXA人生の九割は「運用」の仕事をしていることになります。

そんな中でいちばんつらかったのは、「こうのとり」のフライトディレクタとしての認定を受ける前で、二〇一一年に打ち上げられた2号機打ち上げ前の頃です。

私は「こうのとり」自体には二〇〇七年からかかわっていて、初号機の打ち上げも「こうのとり」の運用計画を作るチームにいたので、「こうのとり」については、いろいろと知っているつもりでした。ところが、フライトディレクタの認定を受けるときに、たとえば軌道《きどう》であるとか、システムについて、実はほとんど知らなかったのだ、ということに気づいたのです。そして、当時担当してくれていた先輩《せんぱい》のフライトディレクタに、「なぜ『こうのとり』がこう飛んでいるかを自分で計算し理解しなければ、あなたの身につかない。自分の手を動かして、自分で計算しなさい」と言われたのです。そう言われて、ただひたすら毎日ひとりで計算する日々が続きました。普通の仕事をしながら自分のための勉強をしていたわけですから、その時期がいちばんつらかったですね。

ひとつひとつの課題自体はそんなに難しくはなかったのですが、ただいろいろなものを調べたり、まったく知らないことを一から調べたり……。先輩とやりとりしながら、ひとつの課題にだいたい二週間くらいかかり、それを半年くらいずっと続けました。

ただ、きつかったけれど、おもしろかったですね。知らなかったことがどんどんわかってくるわけですから。私は「こうのとり」初号機を運用していたけれど、全然知らないこともあったんだな、と。あのときに自分で手を動かして調べたことは、今でも忘れないですね。

本を読んで、誰《だれ》か他人の作った文章を読んで理解したり、数式を追いかけたりするだけとは、やはり違《ちが》うと思います。

それと「こうのとり」初号機打ち上げ前ですね。

そのときは手順を作ったりルールを作ったりと、一から全部やっていたので、どんどん時間ばかりが経っていって、「あれもやらなきゃいけない、これもやらなきゃいけない」ということがたくさん残っているのに「来週打ち上げだから」となったときは、つらかったというよりは、怖《こわ》かったですね。

初号機が打ち上げられたのは、二〇〇九年九月十一日ですが、打ち上げ前の八月頃には、毎日「本当にこのまま打ち上げていいのだろうか？」と、そんなことばかり考えていました。しかも、世間一般《いっぱん》では、うまくいって当たり前のように思われていますし……。そのプレッシャーは今も同じで、毎回成功するたびに「また次につなげなければ」と常に思っています。

——逆に嬉《うれ》しかったことはなんでしょうか？

前田　最初に国際宇宙ステーションのカメラで「こうのとり」が見えたときです。宇宙ステーションから離《はな》れたところにいても、こうのとりに太陽の光が当たると小さな点に見えるのですが、それが最初に見えたとき「ああ、司令したとおりにちゃんと飛んでいったんだ」と思いました。宇宙空間にはカメラがないので当たり前ですが、ＪＡ

ＸＡの人工衛星でも、宇宙空間を飛んでいるところを第三者の目でとらえることができたというのは、「こうのとり」初号機以前にはなかったわけです。

人工衛星は自分自身の観測用のカメラを搭載していますが、宇宙空間を飛んでいる人工衛星を他の人工衛星が撮《と》る、というようなケースはあまりありません。もちろん、地上から飛行している人工衛星を観測することはありますが……。

しかも、それがどんどん近づいてくる、だんだん、スラスタ（人工衛星などの姿勢制御《せいぎょ》に使う補助的な推進装置）が見えてきて、金色に光っている「こうのとり」の姿が見えてきたときはすごく嬉しかったですね。

この職場は実力主義。挑《いど》む前に諦めてはいけない！

――今、前田さんのような仕事を目指す人がこの仕事に就くために、何がいちばん必要でしょうか。アドバイスをお願いします。

前田 まず、管制官、フライトディレクタという仕事の観点からいうと、好きなことであろうと嫌《きら》いなことであろうと、とにかく気になるところは全部ゼロになるまで、やり遂《と》げることだと思います。中途半端《ちゅうとはんぱ》で終わらせることは、けっしてしてはいけないと思っています。

それは我々の仕事でよくいうのですが、ジーン・クランツの十箇条《かじょう》*にもありますけれど、「すべてクリアになるまで、とことんやりなさい」ということです。

それは普段の生活でも活《い》かせることだと思います。部屋の片づけひとつとっても「このくらいでいいや」という怠《なま》け心は人間誰にもあるものです。

しかし、それに負けない、すべてクリアになるまでとことんつきつめる、ということができるといいのではないでしょうか。宇宙開発のような巨大《きょだい》なプロジェクトでは、ちょっとした気のゆるみから、システムが崩壊《ほうかい》するということが起きてしまいますから「とことんやり遂げる」という習慣をつけるといいですね。

勉強もそうだと思います。教科書に書いてあるからと、なんとなく「ふーん、そうなんだ」とスルーしてしまうよりは、その裏にあることなどをとことん理解することが大

＊ **ジーン・クランツの十箇条**｜アポロ13号の飛行管制主任だったジーン・クランツ氏の仕事に関する十箇条。三箇条目は「きれいになるまでやり通せ」。

切です。教科書が教えてくれることは字面《じづら》ではないのです。もっとその裏にあるものがわかると、もっとよく理解できるようになると思うのです。

もうひとつあるとすれば「人の話を聞く」ということです。好き嫌いせずにいろいろな意見を聞いて、人それぞれいろいろな考え方があるということを知るのはすごく大事だと思います。一クラスに三十〜四十人くらい生徒がいるとして、そうなるといろいろな意見があると思います。

そのときに大切なのは、自分と違う意見は「間違い」ではない、ということです。意見は「両方正しい」のです。ものの考え方にはいろいろな側面がある、そういうことを知っているだけで、ものごとを進めることがすごくうまくできるようになるのではないでしょうか。自分と違う意見が持っている「可能性」も見落とさなくなります。

もちろん、人それぞれポリシーやプライオリティ（優先順）はありますし、意見を選ぶ際にはそれがあるのが個性であって、違って当然だと思います。

しかし、人の意見を聞かずに、自分のプライオリティだけで決めるというのは、とても簡単なのです。「私はこうだと思うから、こうするから」と、上から与《あた》えてしまえばいいわけですから。

でもそうではなくて、もしかしたら自分が知らない何かを持っている人がいるかもしれません。そういう意味で、「他の人の意見を聞きなさい」というのが第一だと思っています。そして聞いたうえで、自分のポリシー、プライオリティと照らし合わせて、「これはいい考えだ！」と思ったら、取り込んでしまえばいいのです。

みんなのいい考えを集めて、自分をステップアップさせることってできると思うんです。そこを判断するのが、個人個人の考え方じゃないかなと思いますし、そこに「絶対の正解」はないと思います。

とくに「こうのとり」の運用のように大きなシステムで仕事をしている場合、「『こうのとり』を宇宙に持っていって、きちんとＩＳＳに物資を送り届ける」というゴールは、すべての人に共通です。そのうえで、みんな少しずつやり方が違うだけなのです。その最後の目標を見失ってはいけません。

たとえば、宇宙ステーションから見えるようにするための「こうのとり」のライトの色は、現在は白色にしていますが、「ピンク色にしたい」という意見があるとします。

「こうのとり」5号機の分離時のHTV運用管制室の様子。（写真提供：JAXA）

実際のところ、ライトの色はピンクでも緑色でも、「こうのとり」が国際宇宙ステーションに行くための要求事項《じこう》を満足してさえいればいいのです。

しかし、「自分はピンク色が嫌いだから」という理由で「ピンク色は駄目《だめ》」という必要はない、ということです。

――これから宇宙がより身近になる時代が来ると思いますし、宇宙開発にもどんどん女性が増えてくると思われます。

前田　実際のところ、女性は増えています。私のまわりでも、最近は女性がいっぱいいて、それぞれ頑張っています。

先ほどの「ライトの色はピンク色でも緑色でも青色でもいいじゃないか」という考え方は、比較的《ひかく》女性のほうが受け入れやすいのではないかと思います。女性は、こだわりが少ないといいますか、むしろ男性のほうが、細かいところにこだわったり、自分の信念が出てしまったりして、相手の意見を排除《はいじょ》してしまう傾向《けいこう》があるような気がしています。

もちろん、そういう人ばかりではありませんが、女性のしなやかさとでもいうのでしょうか、「どちらでもいいなら、それでいいんじゃない?」というような、いろいろな意見を受け入れる懐《ふところ》の深さが、女性の特徴《とくちょう》かなと思っています。

そういう柔軟《じゅうなん》な考え方の人たちが宇宙開発の場で活躍《かつやく》してくれたら、プロジェクトの動かし方ももっと変わってくるかもしれませんね。

また、女性は男性にはない視点を持っているということもあります。そういう新しい視点が入ってくることで、もしかしたら宇宙開発自体、新しい局面が見えてくるかもしれません。そういう面が見えてくると、これから十年、二十年の宇宙開発がおもしろくなってくると思いますね。私自身は入社当時から、「ここはあまり男性だから、女性だからということを意識しない職場だな」と思っていたので、女性が増えて具体的に変わったことといってもすぐには思い浮《う》かびませんが……。

この仕事は、もともと男性優位の職場だということはないと思っています。女性だからできないことがあるわけでもないし、男性しかやらないことがあるわけでもありません。もちろん得手不得手はあると思うのですが、それは男性だから女性だからというよりも、個々の適性で動いているという気がしますね。

「理系は男の世界だ」と思っている人がいたら、「それは違う」と言ってあげたいですね。実際に働いている人数の比率でいえば、圧倒《あっとう》的にそうなりますが、自分が本当に興味があるのに、「男社会だから」という理由で諦めてしまうのは、してほしくないですね。それは「挑む前に諦めるな」ということでもあります。最初、やりにくいところはあるかもしれませんが、それが何か障壁《しょうへき》になることはないと思います。あくまでもこの職場は実力主義ですからね。

mission

大地にも、精密検査が必要だ

「だいち2号（ALOS-2）」は、二〇一四年五月二十四日、JAXA（宇宙航空研究開発機構）がH-IIAロケット24号機で打ち上げ、運用している地球観測衛星です。

「だいち2号」が取得したデータは、地震《じしん》や火山の噴火《ふんか》など災害の状況《じょうきょう》を把握《はあく》したり、森林の分布や地殻《ちかく》変動を解析《かいせき》したりするなど、暮らしの安全の確保、地球規模の環境《かんきょう》問題の解決などを主なミッションの目的としています。

「だいち2号」には「Lバンド合成開口レーダ（PALSAR-2）」という観測装置が搭載《とうさい》されていて、この装置から地表に向けて電波を照射し、その反射された電波を受信して観測を行います。

宇宙に興味を持ったのは、小学校の林間学校

――現在の仕事について教えてください。

勘角　「陸域観測技術衛星2号」、いわゆる「だいち2号」の開発を担当し、現在は運用の仕事をしています。「だいち2号」は、陸域観測技術衛星「だいち」のミッションを発展させたものです。「だいち」はレーダーとカメラを搭載していましたが、「だいち2号」では、カメラを取り払《はら》ってレーダーに特化しています。

レーダーを搭載していれば昼夜も関係なく、天候

PROFILE

勘角幸弘（かんかく・ゆきひろ）

JAXA　第一宇宙技術部門

ALOS-2プロジェクトチーム　主任研究開発員

1979年兵庫《ひょうご》県生まれ。2003年3月、千葉大学大学院自然科学研究科修了《しゅうりょう》。同年4月、宇宙開発事業団（NASDA、現・宇宙航空研究開発機構　JAXA）入社。2008年から現職。

にも左右されずに観測できるという利点があります。私はその中でも、「だいち2号」のレーダーの全般《ぜんぱん》（アンテナやアンテナに搭載している送受信機）の開発、それにかかわるミッションを担当しました。

「だいち2号」は、二〇一四年五月に打ち上げられてから、現在まで二年以上にわたって運用しています。

レーダーの性能をくらべると、「だいち」は、分解能が十メートル。これは十メートルのものまで区別できるということですが、「だいち2号」では三メートルまで向上させることができました。「だいち2号」が日本の上空で観測を行うのは、昼の十二時と夜中の十二時前後なので、夜中の時間帯の観測もできるというのが、特色になっています。

——現在の仕事に就《つ》こうと思ったのは何歳《さい》くらいのときですか？

勘角「宇宙に興味を持ったのがいつか？」というと、小学校五年生の頃《ころ》の林間学校に

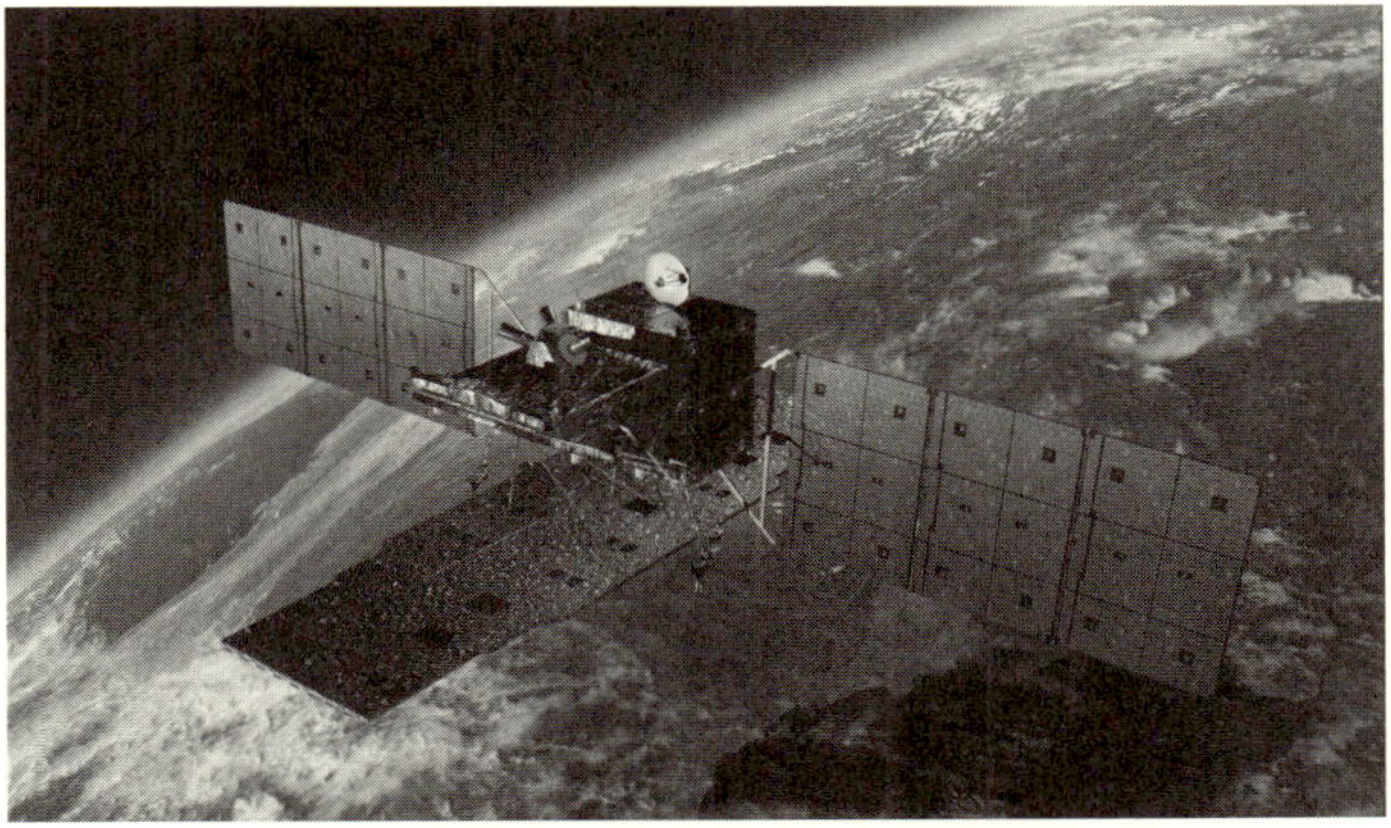

陸域観測技術衛星2号「だいち2号（ALOS-2）」のイメージCG。（写真提供：JAXA）

行ったときです。私は兵庫県神戸《こうべ》市出身なのですが、そのときは神鍋《かんなべ》高原（兵庫県豊岡《とよおか》市日高町）に行きました。夜、オリオン座が、都会で見るよりもずっと大きく見えて、「宇宙って広いな」と思ったのが最初のきっかけです。

みんなキャンプファイヤーで、輪になって座っているのですが、私はひとり夜空を見て「ああ、すごいな、星って大きいな……」「自分は、ちっぽけやなあ」ということを感じ、「あの星は、何年くらい輝《かがや》いているのだろう」と考えていました。

それがきっかけで、何か宇宙にかかわる仕事をしたいと思っていましたが、どうすればいいのかわかりません。とりあえず理系に進んでみよう、という気持ちで理系の大学に進学しました。そうして、しだいに漠然《ばくぜん》としたイメージから、だんだんと具体的な仕事へと落とし込《こ》んでいったのです。

現在のような宇宙開発の仕事に就こうと思ったのは大学院のときです。大学院生のとき、私の研究室は「電波天文学」の研究を行っていました。電波天文学というのは、宇宙にある星からやってくる電波を観測し、研究する天文学のひとつです。長野県の国立天文台（野辺山《のべやま》）などで、星からの電波を受信するための装置の開発をしていました。

当時の研究室の助教授とＪＡＸＡの方が知り合いで、その縁《えん》で紹介《しょうかい》していただき、「電波で星を見るのと地球を見るのとでは、まったく違《ちが》うのだな」と思い、だんだんと宇宙開発に興味を持っていったというわけです。

技術という面ではそう違わないのかもしれないですが、「地球から遠くの星を見たい」のか「宇宙から地球を見たい」のかという点では、まさに逆です。星を見ることには大きな夢がありますが、自分たちの住む星（地球）ですら知らないことが多く、それを知ることはとても重要なのではないか、と思うようになりました。現実的に地球を観測するうえで、人工衛星はすごく有効な手段なのだなと思いました。
そういった考えに行き着くまでの学生の頃は、むしろ学ぶ分野を絞《しぼ》ってしまうのがいやでしたね。なにか自分の可能性や進路が限られてしまうような感じがしてしまいますので……。

――宇宙や科学、技術の分野だけに限らずに、いろいろなものに興味があったということでしょうか？

勘角　中学生のときから将来の夢がひとつだけという人って、そうそういないと思うんですよ。とくに若い頃は夢や目標って、ころころ変わるじゃないですか。もちろん、大人になっても変わりますよね。それが普通《ふつう》で、それでいいと思っています。
そういうこともあって、中学生の頃から「学ぶことを絞ると自分が損をする」と考え、幅広《はばひろ》く勉強をしておきたい、と思っていました。

また、もうひとつ考えていたのは、「夢中になれる力を蓄《たくわ》えていかないといけない」ということです。どういうことかというと、漠然と本を読んで「ああ、勉強したな」と終わってしまうのではなく、何かおもしろい点を見つけて、それに夢中になれる気持ちを持ち続けていこうということです。

私は、そのふたつを心に置いて過ごしてきたと思います。

実際にＪＡＸＡで働いてみて思うのは、「理系以外の能力も重要だ」ということです。私たちには、自分たちがやっていることに関して「説明する義務」があり、「理解していただく必要」があります。

技術の専門知識を持っている人にも、持っていない人にも、どう言葉を選んで説明すれば話が伝わるだろうかと考える能力が必要です。

また「現在こういう社会事情ですから、こういう人工衛星が必要なのです」という企《き》画《かく》をしていくうえでも、実際の「社会」を知らないといけません。だとすると、社会系の勉強も必要です。

私もまだまだ勉強不足で、話をするときに何年経《た》っても「どうしたらいいんだろう」

と考えていますが、そう考えると、理系にこだわらず、まんべんなく勉強してきたことがよかったのかなと思います。

――中学・高校生のときに「こういう勉強の仕方をしていた」ということはありますか？

勘角　私が電波天文学の研究室に入ったのは大学院のときです。大学のときは、電気電子工学科という学部で、電気を広く学んでいました。

高校生の頃は「電波天文学」という言葉は知りませんでしたが、興味を持っていた天文学は理系です。私の父親が理系出身だったので、そういった影響《えいきょう》もあったかもしれませんが、「将来進むべき道との出会いもあるだろう」と考えて理系の大学に進みました。

十四歳の頃から高校生にかけては、先ほども言ったとおり、「なるべく広くやっておこう」という考え方で勉強していました。

自分が理系に進みたいにしても「文系の勉強はもういいや！」という考えは絶対に持

たないでいようと思っていました。いろんなことを勉強すれば無駄《むだ》なことはない、何か自分が進むべき道につながっているんじゃないか、といつも自分に言い聞かせながら勉強していましたね。

つらい時期を支えてくれたのは「チームワーク」

――現在の仕事で、いちばん大変なことは？

勘角　今は「だいち2号」を運用していますので、災害が起こると、緊急性《きんきゅう》が必要になってきます。そういうときに、いかに迅速《じんそく》に対応するか、スピード感がいちばん大変ですね。

それと正確性です。いかに素早《すばや》く対応しても間違ったコマンドを送って、観測したいところとは違う場所を観測しても仕方ありません。災害はいつ起こるかわかりませんから、しっかりと衛星の状況を見定め、地上装置の保守も行いながら、素早く、正確に観

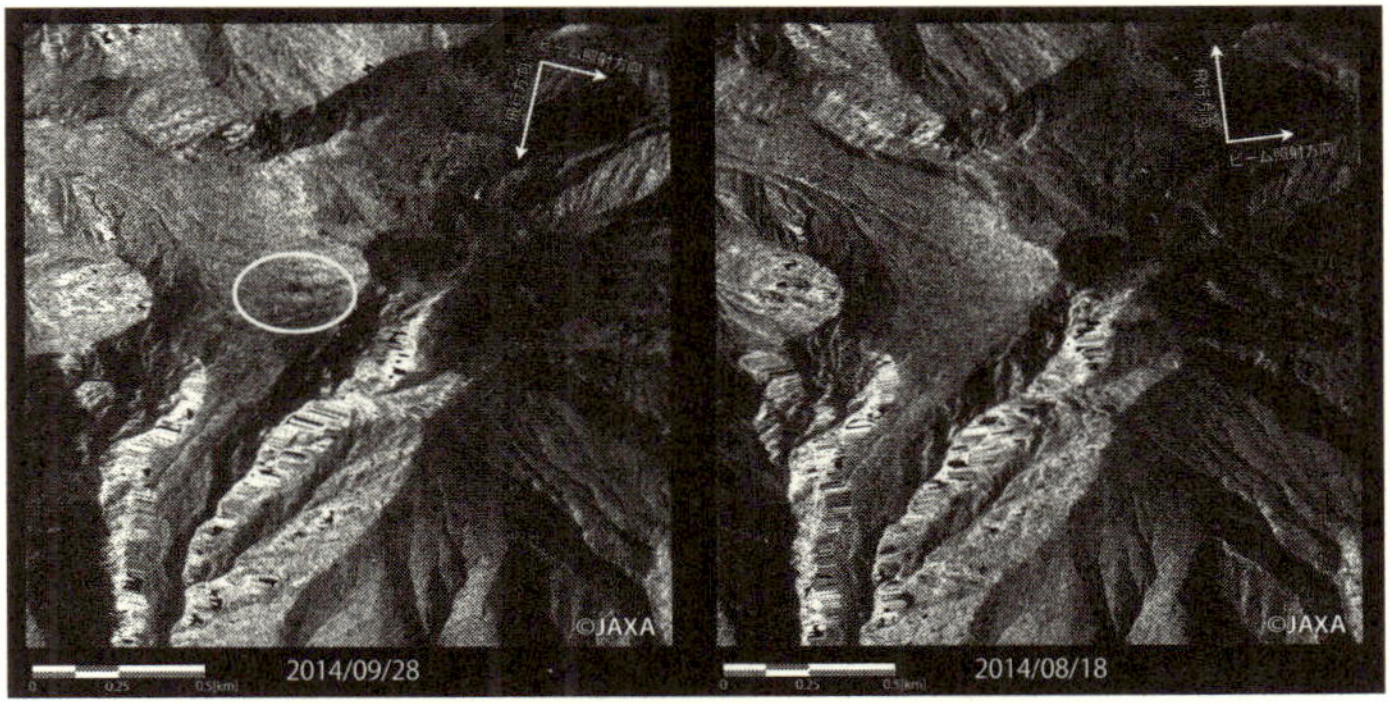

「だいち２号」が観測した、2014年９月27日噴火直後の御嶽山（おんたけさん）。
（写真提供：JAXA）

測を行えるように、いつも身構えていないといけません。それを保つのがなかなか大変ですね。

たとえば、二〇一五年五月二十九日には口永良《くちのえら》部《ぶ》（鹿児島《かごしま》県）の噴火が発生しています。このとき、爆発《ばくはつ》的な噴火が起こったのが午前十時頃でした。関係機関から「すぐ撮《と》ってくれ」という要請《ようせい》が来ましたが、「いつ観測できるのか」「観測できるタイミングはあるか」と、かなりどたばたしました。

このときは十二時五十四分頃に「だいち2号」による緊急観測を行い、データを提供しています。二〇一六年四月に起こった熊本《くまもと》地震でも、「だいち2号」の観測データをもとに、地震の前後の地表の画像を組み合わせる「干渉《かんしょう》SAR」という方法で、上下方向や東西方向の地殻の変動を解析しています。

また、観測してもデータをすぐに先方に渡《わた》さないと意味がありません。いかにデータを早く処理して渡せるか、というところは大変でした。


——休みの日に急に呼び出されることもあるのですか？


勘角　あります。たとえば、宇宙空間には、スペースデブリ（宇宙ゴミ）というものがたくさん飛んでいます。そのため「どれだけ人工衛星に衝突《しょうとつ》しそうか」という確率を出して評価しているのです。

「デブリが『だいち2号』に衝突する危険が増す」というときは、土日関係なく呼び出されて、避《さ》ける運用をするか、という会議を持ちます。

「だいち2号」は、「ここを通りなさい」という基準軌道《きどう》に対して半径五百メートルの仮想的なチューブがあり、その中を飛ぶように自律制御《せいぎょ》されています。

デブリを避けるときには、そのチューブを飛び越《こ》えて、そしてまた元の軌道に戻《もど》るという運用をしています。

ただ、デブリを避けるためには、観測を停止しなければならないこともありますので、観測の重要性と衝突の確率を鑑《かんが》みながらどうするかを決めることになります。

そのようなことから、当然、衛星の状態には常に注意しています。

たとえば「○○で災害が起こりました、今すぐ観測してください」という急な要請はいつでもありえますし、その他にも「この日には本来、こういう重要な観測がある」ということを、常に頭に入れておかないと、「この観測とデブリを避けることでは、どちらが重要か」ということに対処できません。

もちろん、衛星の運営はチームで行っているので、自分ひとりが大変な思いをしているというわけではありませんが、素早く的確な判断を求められることも多々あります……。

――仕事の中で、これまででいちばん嬉《うれ》しかったことはなんでしょうか？

勘角　「だいち2号」の打ち上げのときです。「だいち2号」に限らず人工衛星を打ち上げるときは、太陽電池パドルやアンテナなどはすべて折りたたんだ状態で、ロケットの先の「フェアリング」という部分に収納されています。

打ち上げ後、それを軌道上で展開させるのですが、それに成功したとき、そして「だいち2号」の初画像が出たとき、この二点はすごく嬉しかったですね。

私は「だいち2号」のサテライト・コンダクター（衛星運用の責任者）のひとりとして、三日間、二十四時間、三交替《こうたい》で担当していました。そのため「だいち2号」のレーダ用アンテナなどの展開も担当することができたのですが、そのときは、自分の子どもが成長してついに大人になった、というような気がして、とくに嬉しかったですね。

レーダ用アンテナなどの展開物を展開するときは、最終的には展開した画像が見られるのですが、その過程はコマンドを送って、カチッとラッチ（アンテナなどを展開状態に保持する装置）が入ったという信号が返ってきて、「展開できたね。じゃあ画像で確《かく》認《にん》してみよう」となります。

それまでは、もうすごく不安です。一応展開中も「アンテナは動いています」という信号は見えているのですが、「今、ラッチが入りました！」という信号が来たときは、「はあ〜」と、体中から力が抜《ぬ》けるような状態になります。

――では、これまでの仕事で、いちばんつらかった時期は？

勘角　学生のときは、先ほどお話ししたように、いつ夢が変わってもいいように、とりあえず、走って走って、自分がどこに行き着くかは、あとで考えようと思っていたので、つらかったという時期はなかったですね。

仕事に就いてからは、数えるとたくさんあるのですが……。

たとえば、衛星開発の中で不具合が出たときは、やはりつらかったですね。

衛星の開発は、期間もコストも決められています。そういった中で自分の担当部分で問題が起こったときは、ちょっと精神的に追い込まれたことがありました。

リスク回避《かいひ》能力というか、トラブルが起こったときの判断能力というか、問題を回避するのに「今日中に決めてください」とか「明日中に決めてください」という局面がいくつも出てくるのです。

いかに他の作業に影響なくそういう判断を下せばいいのか「ああ、これは大変だ」と思った記憶《きおく》はあります。


――そういったつらい時期を乗り越えるのに、大切なことはなんでしょうか？


勘角　やはりチームワークではないでしょうか。人工衛星の製造は、ミッション、電源系、姿勢制御系など、いくつものサブシステムに分かれて行われます。それぞれのインターフェイス（接点）はとても多いので、ある部分に問題があるというときには、問題がある部分の担当者だけで解決できるものではありません。

自分よりも専門知識を持っているレーダーの専門家などに話を聞きながら、問題を解決していくことも重要になります。

そう考えてみると、「チーム」がなければ、さまざまな問題を解決できなかったと思います。それは技術的な面、精神的な面両方で、ですね。

たとえば「この問題をどうするのか」と問い詰《つ》められると、言われたほうは追い込まれてしまいますが、「一緒《いっしょ》に考えよう」とフォローしてくれるチームメイトがいると、本当に心強い思いをしたことを覚えています。

どうするか迷ったら、ひとりで考え込むよりも、人に聞く。社会でいうところの「ほう・れん・そう（報告・連絡《れんらく》・相談）」、これを心がけないといけないと思っています。自分ひとりで解決できることは実際少ないんですよね。当然、衛星のメーカーさんにも力を借りないといけないし、レーダーであれば前号機の「だいち」のレーダーを担当されていた方など、チームメイト以外のJAXAの有識者にも話を聞かせていただきました。そういった方に話を聞いて、「どうしましょう」「こうしたほうがいいでしょうか」と相談をしながら、問題の解決法を決めていくわけです。

プロジェクトチームというのは、当然ひとつのプロジェクトに向かって進んでいく仲間たちですけれど、もっともっと広い意味でのチーム、JAXAというチームは、大変な時期にすごく力になってくれました。

私の部署に後輩《こうはい》が入ってきたとしたら、「困ったことがあったら、なんでも相談して」と、まず言いたいと思っています。それは常に考えていますね。

――これからの目標を教えてください。

勘角 開発しているときもそうでしたが、「みんなの生活に役に立ったらいいな」と思いながら、「だいち2号」の運用をしています。

地球の表面を調べるレーダーには、周波数が高い（波長が短い）順から、Xバンド（9ギガヘルツ帯）、Cバンド（5ギガヘルツ帯）、Lバンド（1ギガヘルツ帯）という電波が主に使われます。そして、波長が短い電波ほど、分解能は高くなります。「だいち2号」に搭載されているのはLバンドのレーダーで、非常にいい画像にはなっていますが、画像でいうと周波数が高いXバンドのもののほうが分解能はいいのです。しかし、使える電波の周波数は電波法で割り当てが決まっているので、これが現在の最高の画質だといえます。

その一方、周波数の低いLバンドは、植生を突《つ》き抜けて、地表面を観測できるという最大の利点があります。これが、ＪＡＸＡがＬバンドレーダを開発し続けている理由のひとつです。この理由で、取得した画像をたくさん集めていくと、ちょっとした地形の変化がわかってきます。

そういったデータを使って、予知ではありませんが「この地域は地形が変化しているので、何かの前兆かもしれない」という判断ポイントに使えるのでは、という研究もされています。

また最近では、日本だけでなく世界中でさまざまな災害が起こっています。そのため「だいち2号」は世界中の災害を観測しています。世界のどこかの国で洪水《こうずい》や地震が起きると、ＪＡＸＡも観測を依頼《いらい》されます。

そういった世界中の災害を観測するので、ハードウェア的な運用時間の制約により、なかなか国内の同じ場所の継続したデータは集まりにくいのですが、災害などの「先を見越した観測」ができたらいいな、と考えています。もちろん「だいち2号」でもそうですが、実は今、後継機《こうけい》（先進レーダ衛星）を考えているところなので、それにも反映できればと思っています。

さっき話したとおり、電波法の問題で、分解能はもう限界が来ているので、後継機の「先進レーダ衛星」は、観測幅を広げるという方向で進めています。「だいち2号」の観測幅は、五十キロメートルほどだったのですが、「先進レーダ衛星」では二百キロメートルまで広げることを考えています。これなら、たとえば衛星が十四日周期で同じ地域の上空をほぼ同じ時間帯に通過するとすれば、これまで四回の観測で取得していたデータが、一回でとれることになります。
この「だいち2号」の後継機「先進レーダ衛星」は二〇二〇年度の打ち上げを目標に準備を進めています。

どんなことでも、無駄なことはない

——最後に、宇宙開発の仕事を目指す中高生に向けて、メッセージをお願いします。

勘角　いちばん大切だと思っているのは、「どんなことでも、無駄なことはない」ということです。

たとえばチームを作るときも、意外と人間は、「こいつとは仲がいいし、話が聞きやすいから仲良くしよう」とか「あいつは、知識はあるけれど、友達《ともだち》にはなりにくい感じだな」とか、仲間を選んでしまいがちです。そういうときは、分けへだてなく、みんなと仲良くしたほうがよいですね。

仲良くしたら、その人の得意な部分が自分のものになるでしょうし、いろいろな人にコミュニケーションして、知識だけではなく、コミュニケーション能力をもとに、チームワークを学んでいくというのが、大事ではないかと思います。

大学院のとき私は同期の仲間や先生たちと、うまくコミュニケーションを取りながら、研究を進めていました。ここでコミュニケーション能力の重要性をひしひしと感じました。

仲間とのコミュニケーションがうまくいけば、気持ちも変わりますし、結果もいいほうに変わってくるものです。

ある考えに固執《こしつ》しているときに、他から違うアイデアを提案されて実際にやってみると、結果がうまくいったということが何度もあったと思います。話を聞く、実際やってみる、時間は使いますが、それ以上に得るものがあれば、無駄ではなかった、と思っています。

最後に、「宇宙開発にかかわる仕事がどうしてもしたい」イコール「ＪＡＸＡに入らないといけない」ではないということを知ってもらいたいです。

宇宙開発は大きなチームで進めていくものです。人工衛星を開発する、作る、運用する、これらすべてが宇宙開発です。

「だいち２号」を例にとると、非常に多くの企業の方々が宇宙開発にかかわっていることがわかります。人工衛星を作る企業（三菱《みつびし》電機株式会社）、人工衛星を運用する企業（宇宙技術開発株式会社）、観測データを処理・提供するシステムを構築する企業（日本電気株式会社）、実際に画像処理、配布を行う企業（株式会社パスコ、一般財団法人リモート・センシング技術センター）など、たくさんの組織や人がかかわっています。

仮にＪＡＸＡを目指した場合でも「ＪＡＸＡに入るためには、この勉強をしなくては」と宇宙に関する知識を勉強の対象として絞るよりも、いろいろなことを学んでいったほうがいいと思います。ＪＡＸＡの中でも、企画・広報・財務・契約《けいやく》等々の担当者がいます。これらの仕事には、宇宙に関する知識、理系分野だけではなく、文系分野の知識や能力が必要です。つまりどんな知識も宇宙開発には必要です。先ほどからお話ししているように、「宇宙開発」とひと口で言っても、まわりに目を向ければいろいろな形の宇宙開発があります。ＪＡＸＡだけが宇宙開発ではないので、自分が本当にどんなことで宇宙開発に携《たずさ》わりたいか、それを自問自答することからはじめるのもいいと思っています。

ですから、中高生のうちから自分の夢をピンポイントに絞るのではなく、「あのときこうしておけばよかった」と後悔《こうかい》しないように、幅広い分野に興味を持ち、勉強しておいたほうがいいと思います。

未来には何が待っているか、誰《だれ》にもわかりません。だからこそ、目標を絞った勉強をするのは、もったいないと思います。もっといろいろなことを学んでおけば、いざ目標を絞ったときにも必ず役に立つものです。

ミッション 2

宇宙で働く
マシーンを
創ろう!

WORLDLY WISDOM
FOR 14 YEARS OLD

mission

電気推進ロケットの研究開発がしたい

「はやぶさ」は、二〇〇三年にJAXA（宇宙航空研究開発機構）が打ち上げた小惑星《しょうわくせい》探査機です。探査したのは、小惑星「イトカワ」。

「はやぶさ」は、二〇〇五年に「イトカワ」に接近し、二度にわたってタッチダウン。世界で初めて小惑星の表面から直接サンプルを採取することに成功しました。「はやぶさ」は、一時、通信が途絶《とぜつ》したり、エンジンが故障したりするなどの、数々のトラブルを乗り越《こ》えて、二〇一〇年六月十三日に地球に帰還《きかん》。小惑星「イトカワ」の微粒子《びりゅうし》を収めたカプセルをオーストラリアのウーメラの砂漠《さばく》に降下させ、大気圏《けん》に再突入《とつにゅう》して燃え尽《つ》きました。

「はやぶさ」が持ち帰った「イトカワ」の微粒子から、「イトカワ」の母天体は直径二十キロメートル以上あり、何度も他の天体と衝突《しょうとつ》を繰《く》り返し、バラバラになった母天体の一部が集まって「イトカワ」ができたなど、さまざまなことが明らかになっています。

二〇一四年十二月三日、種《た》子島《ねがしま》宇宙センターからH-IIAロケットで打ち上げられた「はやぶさ2」は、「はやぶさ」の後継《こうけい》機です。「はやぶさ2」が向かっているのは小惑星「リュウグウ」。

小惑星は、私たちの太陽系が誕生した頃《ころ》の物質がそのままの状態で残っていると考えられていて、「はやぶさ2」が「リュウグウ」の物質を持ち帰ることができれば、太陽系の歴史や地球の生命誕生の謎《なぞ》を解明するのに重要な手がかりが得られるに違《ちが》いありません。

「はやぶさ2」は二〇一八年半ば頃に「リュウグ

PROFILE

西山和孝（にしやま・かずたか）

JAXA　宇宙科学研究所
宇宙飛翔《ひしょう》工学研究系　准《じゅん》教授

1971年岡山《おかやま》県生まれ。1993年東京大学工学部航空宇宙工学科卒、1998年東京大学大学院博士課程修了《しゅうりょう》。1999年文部省宇宙科学研究所非常勤講師、2001年文部科学省宇宙科学研究所助手。2006年JAXA宇宙科学研究所准教授。

ウ」に到達《とうたつ》し、その後一年半ほど「リュウグウ」にとどまり、二〇一九年末頃に小惑星を出発。二〇二〇年末に地球に帰還する予定です。

この「はやぶさ」「はやぶさ2」に搭載《とうさい》されたのが「イオンエンジン」です。イオンエンジンは、「電気推進」と呼ばれるロケットエンジンのひとつで、少ない燃料で長時間動作させることができます。そのため、とくに静止衛星や深宇宙探査機に適しており、画期的な宇宙技術として世界に誇《ほこ》るべきものとなっています。

地球の生命の起源にせまる「はやぶさ2」プロジェクト

――現在の仕事について教えてください。

西山　私は、小惑星探査機「はやぶさ2」プロジェクトのメンバーであり、「はやぶさ」「はやぶさ2」のメインエンジンである「イオンエンジン」を担当しています。

主な仕事のひとつは、イオンエンジンの研究を大学院生たちと一緒《いっしょ》にやっていること

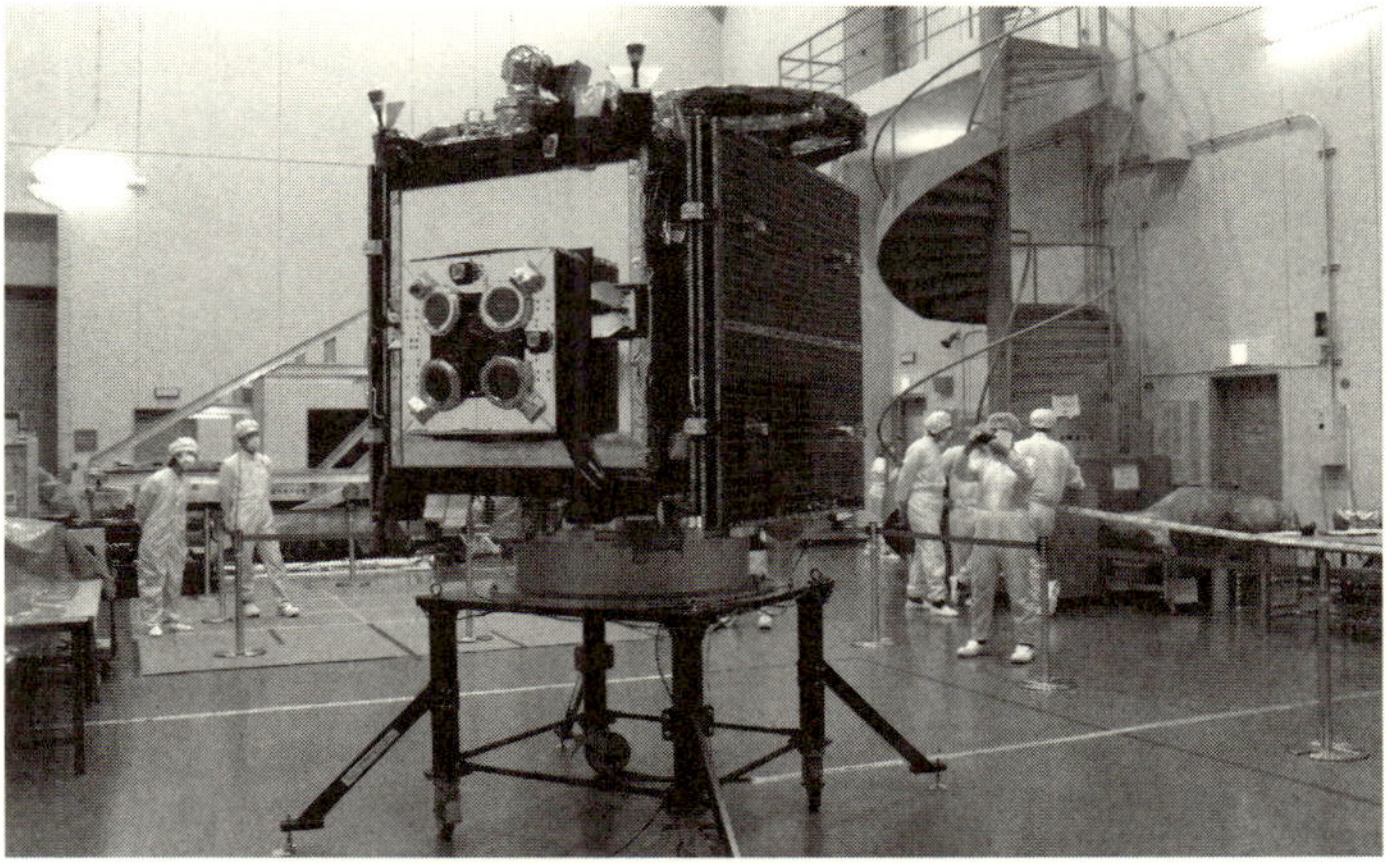

報道陣に機体公開された小惑星探査機「はやぶさ2」。
（2014年8月31日、JAXA相模原〈さがみはら〉キャンパス）

です。もうひとつは、「はやぶさ2」のように、現在宇宙を飛行している探査機の運用、探査機との交信です。

　また「はやぶさ2」以降のプロジェクトのアイデアを、仲間を募《つの》って一緒に検討するという仕事をしています。

　最近いちばん時間を割《さ》いているのは、やはり「はやぶさ2」の仕事です。

「はやぶさ2」が目指しているのは、小惑星「リュウグウ」です。「リュウグウ」は以前「はやぶさ」が探査した「イトカワ」とは違う種類の小惑星で、異なった材質でできていると考えられています。「リュウグウ」には、鉱物だけでなく水や有機物がありそうで、地球の生命の起源にもつながりがあるのではないか、と関心を持たれています。

「はやぶさ2」は、そんな「リュウグウ」に行って探査し、表面の物質を持ち帰るミッションです。

私が担当しているイオンエンジンは、「はやぶさ2」が「リュウグウ」まで往復する航行を、より少ない燃料で効率的に行うことができる装置です。

イオンエンジンは、一般《いっぱん》によく知られているロケットエンジンにくらべて噴射《ふんしゃ》速度が十倍近くて、必要とする燃料の消費は十分の一と劇的に減らすことができます。「はやぶさ」以後、小惑星と地球の間を往復する探査には、欠かせないエンジンとして利用されるようになっています。

――宇宙や探査機のエンジンに興味を持つようになったきっかけはなんでしょうか?

西山　宇宙に興味を持つようになったのは、子どもの頃、小学校に上がる前です。

私はアニメが好きだったので、当時放送されていた「宇宙戦艦《せんかん》ヤマト」などの宇宙ものを見ていました。その頃から、宇宙そのものというより、宇宙を舞台《ぶたい》に登場する機械や乗り物に興味がありました。またアニメなどの空想の世界だけでなく、現実に存在する世界の飛行機やロケット、船、軍艦、戦闘機《せんとうき》などのメカに興味を持っていました。

宇宙は好きですが、自分が宇宙飛行士になって宇宙に行きたいというのではなく、宇宙に行くメカを作ってみたいと思っていたのです。もちろん小さい頃ですから、将来、宇宙にかかわる仕事をしようという具体的なイメージを持っていたわけではありません。単純に宇宙で活躍《かつやく》するメカが好きだったということです。

私の職場には「星が好き」という人がひとつのタイプとしてあるのですが、私の場合は、星というより「飛行機やロケットが好き」というのが背景にあります。私は、科学者というよりエンジニアというタイプだと思います。

でも、その頃は「好きなものは好き、学校の勉強は勉強」ということで、将来的に宇宙にかかわる仕事をしようということには、直結していませんでした。進学する大学を選ぶときにも、まず工学部に行きたいけれど、将来の職業をきっちりと決めなくていい大学にしようということで、東京大学に進学*しました。

私はとくに何かが突出してできるという学生ではなかったので、たとえば数学だけすごくできるようになろう、というつもりはなく、まんべんなく成績が取れる全教科型で勝負しようと考えていました。宇宙というといわゆる理系というイメージがあるかもしれませんが、実は国語がいちばん得意でした。

私の勉強法には、とくに何か秘訣《ひけつ》があるということではなく、全教科型で勉強していたので、志望した東京大学に向いていたということだと思います。

将来についても、基本的には、勉強していれば進路は自分で選ぶことができるだろうと考えていました。ただ大学の勉強では、勉強しなければ上位には行けませんし、上位に行けなければ、自分で進路を選ぶことができません。

私の高校は、すごい進学校というわけではなかったので、平均的な成績では東大に入学するのは無理だということはわかっていました。そのため、自分の高校のトップクラスにいなくてはいけない。それを維持《いじ》できるように勉強しようと考えていました。

＊　東京大学の入試では「文科一類～三類、理科一類～三類」の６つの科類の中から受験するが、大学入学後、すぐに専門分野に進むのではなく、最初の２年間は興味を持ったことを広く学ぶことができるようになっている。その後、1年生と２年生の途中までの成績をもとに、３年生からの進学先を決めることができる。

研究室よりもプロジェクトにかかわることが好き

――イオンエンジンの開発をしようと思ったのは、どうしてですか？

西山　大学院の修士一年のとき、それまで四年生で卒業論文を作成していた研究室から別の研究室に移りました。移った先の先生は栗木恭一《くりききょういち》先生といって、東大と当時の文部省宇宙科学研究所の教授を併任《へいにん》されている方でした。

そのため私は、学生でありながら、先生とともに宇宙科学研究所に出入りするようになったのです。

実際にロケットエンジンの開発プロジェクトを行っている先生の研究室で指導を受けるようになり、先生たちがやっている仕事を自分もやりたいな、と思うようになったのが、具体的なきっかけだと思います。

そういうわけで、かなり遅《おそ》いかもしれませんが、実際に宇宙関連の仕事をやってみようと思ったのは、大学の修士一年のときです。

栗木先生は当時「ＭＰＤアークジェット」という電気ロケットの一種の宇宙実験の準備で非常に忙《いそが》しくされていました。そのような研究をしている先生たちのもとで、自分も宇宙に飛ばすものの仕事にかかわれるんだ、ということが、非常に具体的にイメージできたわけです。大学の研究室にいただけでは、なかなかそこまでイメージがつかめなかったのではないかと思います。

二〇〇三年に初代「はやぶさ」が打ち上げられたときには、あまりイオンエンジンは知られていませんでした。「はやぶさ」が「イトカワ」に到着《とうちゃく》して観測をしていた二〇〇五年にも、そんなに注目度が上がっていたわけではありません。

しかし「はやぶさ」が地球に帰還するときに、いろいろなトラブルを乗り越え、最終的に「イトカワ」のサンプルを詰《つ》めたカプセルを地球に戻《もど》すことに成功してから、一気にイオンエンジンは世の中に認知《にんち》されるようになりました。

おかげさまでその後、私たちＪＡＸＡの活動を応援《おうえん》してくれる人たちも増えました。

――今の仕事で、とくに大変だったことはなんでしょうか？

西山　私は研究室にこもって研究しているより、実際のプロジェクトに参加することが好きです。これまで「はやぶさ」「はやぶさ2」というふたつのプロジェクトに参加していますが、どちらも責任は重大です。

自分の趣味《しゅみ》的な研究だけをやっていれば、そんなに大きな責任は感じないと思いますが、大勢のスタッフとともに進めているプロジェクトであり、また巨額《きょがく》の税金が使われているという面からも、大変大きな責任を痛感しながら仕事をしています。

私の職場での大変さとは何か？　と考えてみると、巨額の予算を使って自分が好きなことをやらせてもらっている、という責任感だと言えるでしょう。また、もちろん世間によく知られているミッションにかかわっているというプレッシャーもあります。

――「はやぶさ」のミッションでは、通信の途絶、エンジンの故障という大きなトラブルもありました。そのときはどんな気持ちだったでしょうか。

西山　「はやぶさ」との通信が途絶したときは「ここで終わったら、次のプロジェクトはないな」と思いました。

幸いなことに「はやぶさ」との通信は七週間後に復活しました。そのときは私が担当していたので、慌《あわ》てて大勢の人を呼んで「通信が復活しましたよ」と伝えました。そのときは、半ばみんな諦《あきら》めかけていた状況《じょうきょう》でしたので、もちろん嬉《うれ》しいという気持ちはありましたが、「これから立て直しが大変だな」と考えていました。

最終的には、みんな一致《いっち》団結して地球への帰還までこぎつけることができましたが、「はやぶさ」は、大勢の人がかなりの力を注いで作り上げたプロジェクトなので、それが無駄《むだ》になるということは避《さ》けたいし、次につなげていくということからも、失敗はできません。

宇宙関係にはいろいろな分野の研究者がいて、それぞれ自分がやりたいミッションがあるので、限られた予算の中でやりたいミッションの順番が回ってくるのには、非常に時間がかかるのです。

イオンエンジン24時間連続自律運転中の管制室。（写真提供：JAXA）

事実、「はやぶさ」のあとの「はやぶさ2」は、実現するまで十年以上かかっています。なかなか順番が回ってこないので、獲得《かくとく》できたひとつひとつのプロジェクトは、とにかく成功させなくてはいけません。

「はやぶさ」でもイオンエンジンにはいろいろトラブルがあって、どうにか地球に帰還させることができました。しかし、失敗の面も多くあったので、それを次にどうするかということに取り組んだのが、「はやぶさ」が帰ってきた二〇一〇年から「はやぶさ2」を打ち上げる二〇一四年までの私たちの活動でした。時間は十分とは言えませんでしたが、その期間で行うことのできるいちばんいい改良方法に取り組めたのではないかと思います。

「宇宙」という分野は実績を重視するところがあるので、下手に機器に変更《へんこう》を加えて実績を損《そこ》ねることを避けなくてはなりません。恩師である栗木先生が「はやぶさ2」に関して私に言ったのは「西山君、とにかく変えてはいけないよ」ということでした。

先生がおっしゃったのは、「はやぶさ2」は「はやぶさ」から変えるなということでしたが、「はやぶさ」は百点満点ではなく、反省すべき点もありました。どういうバランスで「変える、変えない」を決めるかというのが、非常に難しかったですね。

実は、作った人間にもわかっていないすごいコツがあって、たまたま「はやぶさ」ではうまくいっていたところがあったのかもしれません。それに気づかずに変えてしまうことを懸念《けねん》して、栗木先生は「変えてはいけない」とおっしゃったのだと思います。

そのため「はやぶさ2」では、不必要に変えないことを心がけつつ、ここだけは直すというところを見つけ出して改良しています。

「はやぶさ２」の「ワクワク」をみんなで共有したい！

――この仕事をやっていてよかったと思うところは？

西山　小さなことで言うと、日々の研究活動の中で「こうやればうまくいくのではないか」というアイデアが当たって、そのとおりの結果が得られたときです。

大きなことで言うと私は「はやぶさ」に七年間かかわっていて、探査機の運用の仕事をしていました。その運用の当番をする人の編成をして毎週の割り当てを決めたり、探査機に送るコマンドの計画を作ったりというまとめ役をやっていたので、二〇一〇年六月十三日、「はやぶさ」の最後の運用の日に、運用当番を決めるのは私ですから、「自分がやろう」と決めました。

「はやぶさ」の追跡《ついせき》もしたのですが、やれるだけの交信をして最後に電波が途絶えて、「はやぶさ」がオーストラリアに落ちていきました。それ以上できることはなくなって、私はこの相模原の宇宙科学研究所にいましたが、「はやぶさ」についてわかることは、あとは一般の人と一緒です。

「はやぶさ」落下の様子をインターネットで中継《ちゅうけい》するらしい、落ちてくる「はやぶさ」の映像が見られるのではないかと、ドキドキしながら映像を見ていました。

そして大気との摩擦《まさつ》で光を発しながら落ちてくる「はやぶさ」を見て、感動というか「おっ、すごい！」と思いました。

私たちは普段《ふだん》「はやぶさ」と、コンピュータの計測データとしてのやりとりをしていますが、「はやぶさ」には自撮《じど》りのカメラがありませんから、実際に「はやぶさ」の姿を見ることはありません。

「はやぶさ」が小惑星「イトカワ」に降りたときも、「イトカワ」に映っている影《かげ》は見たことはありますが、「はやぶさ」の姿そのものは見られません。

しかし、「はやぶさ」は、その姿がはっきりとわかるわけではありませんが、ものとしてちゃんとオーストラリアに落ちている。その現実感をあらためて持つことができたのが、大きな感動でした。

私はエンジン専門ですが、宇宙関連プロジェクトには、軌道《きどう》や誘導制御《ゆうどうせいぎょ》など、さまざまな専門家がかかわっています。私はやれることはすべてやってきましたが、「はやぶさ」が計算どおりにオーストラリアに落下してきたということは、プロジェクトのすべての担当者が、それぞれ責任を果たしていたということが証明されたわけです。それを自分の目で確認できた、という意味でも感動したのだと思います。これが特筆すべき感動体験でした。

――現在、いちばんワクワクしながら取り組んでいることは？

西山　もちろん「はやぶさ2」です。小惑星「イトカワ」と「リュウグウ」では、地球から見たときの光り方が違います。これは小惑星の表面の物質の材質が違うということです。しかし、本当に違うかどうかは証明されていません。

「はやぶさ2」のミッションは、「リュウグウ」の表面から物質を取ってくるということなので、「はやぶさ」の二番煎《せん》じのように見えることがありますが、科学的には、行ったことのないところに行くという意義が大きいと言えます。

たとえば「はやぶさ」のときは、アーティストに依頼《いらい》して「イトカワ」を目指す「はやぶさ」の想像図を描《えが》いてもらって宣伝用のポスターに使いました。ところが、最初に描いてもらった「イトカワ」と実際の「イトカワ」の姿は全然違っていました。

「はやぶさ2」が行く「リュウグウ」にしても、ほとんど何もわかっていないと言っていいくらいです。

ある程度、レーダーによる形状の計測とか、大きさ、自転の周期とかはわかっていますが、自転の軸《じく》の傾《かたむ》きなどは正確にはわかっていません。ましてや表面の様子などは、行ってみなければわかりません。

「はやぶさ」とは行き先が違う、これが「はやぶさ2」のいちばん楽しみな点です。

「リュウグウ」には、鉱物に取り込《こ》まれた水が存在するのではないかと考えられているため、観測装置をより水に注目した観測を得意とする装置に置き換《か》えたりしています。

また「はやぶさ2」では、「はやぶさ」で起こったトラブルを避けるために、よりよい部品に変えています。

「はやぶさ」が映画などになって大きく注目されたのは、数々のトラブルを乗り越えて地球に帰還するところが劇的だったからだと思います。一方「はやぶさ２」では、トラブルが起こらなくても、科学や宇宙探査のおもしろさがあるので、それをみなさんにお伝えできるようにしたいと考えています。逆に言えば、そういったテーマで映画になるように、私たちも頑張《がんば》らなければいけないと思います。

私が担当しているイオンエンジンは、縁《えん》の下の力持ち的な役割ではありますが、しっかりと仕事をこなして、科学的な成果と「リュウグウ」のサンプルを地球に持ち帰ることを実現させたいと思っています。

「はやぶさ２」が帰ってくるのは二〇二〇年とまだ先ですが、二〇一八年には「リュウグウ」の姿を見ていただけると思います。楽しみにしていただければと思います。私たち自身も楽しみにしています。そのおもしろさをみなさんと共有できれば、と思っています。

私たちは、勉強すれば宇宙の仕事に就ける国に生まれている

――「はやぶさ2」以外の、これからの西山さんの目標を教えてください。

西山　イオンエンジンを含《ふく》む電気推進と呼ばれる電気ロケット類は、遠くの宇宙へ行くときには欠かせないものです。

最近JAXAやNASA（アメリカ航空宇宙局）ではイオンエンジンに近い、電気を使った「ホールスラスタ」という、より推進力を持ったエンジンの開発が盛《さか》んになっており、世界的にはすでに百機以上の電気推進ロケットが地球のまわりを回っています。

私は、サイエンスを実現するために、新しい技術を生み出したいと思って現在の仕事をしていますが、これからはそれだけでは駄目だと思います。

科学や探査は宇宙活動のごく一部にすぎません。宇宙開発によって生まれた技術は、もっと広く世の中で展開すべきだと思っています。

私が研究しているイオンエンジンにしても、小惑星探査だけに役立てばいいとは思っていません。

「はやぶさ」のイオンエンジンは、累積《るいせき》四万時間の運転を達成しています。これは、宇宙空間のイオンエンジンの稼動《かどう》時間としては世界最長の記録です。

現在は、ＪＡＸＡの仕事の柱のひとつとして「産業振興《しんこう》」というキーワードが定義されている時代です。

世界でもトップクラスの実績を持ったイオンエンジンの技術を民間で展開し、経済的にも利益が出るものにしていくべきだと思います。私自身の意見としては、宇宙開発で生まれた技術が科学目的だけにとどまらず、他の面でも役に立つように後押《あとお》ししていければ、と思っています。

イオンエンジンは、宇宙で動作させるということに特化した装置なので、地上の日常生活で展開するというのは考えにくいのですが、本来の「宇宙で推進力を出す」という用途でも、日本ではまだ十分に利用しつくしているとは言えません。

深宇宙探査で「はやぶさ」「はやぶさ2」という探査機が飛んだだけで、国民生活にいちばん身近な気象衛星や通信衛星、放送衛星にはまだ使われていません。そういった人工衛星にイオンエンジンを応用すれば、十〜十五年だった衛星の寿命《じゅみょう》を十五〜二十年に延ばすことが可能になります。

また、衛星自体の燃料を減らせる分、これまでより小さな人工衛星により多くの通信機器などを搭載できるようになりますし、衛星を小型化できれば、より小さなロケットで打ち上げることが可能になります。

「はやぶさ」のように小惑星探査で培《つちか》った技術が、より身近な生活を支えることができればと思っています。

私は、これからも科学への興味と「宇宙が好き」という気持ちを持って、どんどん新しい技術を生み出していきたいと思います。そしてそれが国民の生活を豊かにしたり、国の経済をよくしたりする、そういうことも意識して仕事をしていきたいと考えています。

——最後に、宇宙の仕事を目指す人たちにメッセージをお願いします。

西山　まず、しっかり勉強してください。勉強しなければ、好きな仕事には就けません。宇宙にかかわる仕事を目指して勉強するうえで、モチベーションを維持するために頭に置いてもらいたいのは、次のようなことです。

宇宙開発の分野は、国際的にも非常に競争が激しいところで、日本は第一線をいっているかというと、けっしてそうではありません。たとえば、打ち上げているロケットや衛星の数にしても、日本は順位が高いわけではないのです。

しかし、日本は経済や国家予算の規模の中で、宇宙開発をすることができる国であるということには違いありません。私たちは、勉強していけば宇宙の仕事に携《たずさ》われる可能性が十分にある国に生まれているのです。必ずしも、世界のすべての人がそういう環境《かんきょう》にあるわけではありません。

せっかく日本に生まれて、宇宙活動ができる環境にあるわけですから、頑張って勉強して、ぜひ私たちの仲間になってほしいと期待しています。

mission

ロケットエンジンをこの手で造りたい

現在、日本が打ち上げている基幹ロケットは、H-ⅡAロケット、H-ⅡBロケット、イプシロンロケットの三種類です。

H-ⅡAロケットは、現在の日本の主力大型ロケットで、気象衛星、通信衛星、地球観測衛星などの人工衛星や小惑星《しょうわくせい》探査機「はやぶさ2」など、さまざまな打ち上げを行っています。

H-ⅡBロケットは、宇宙ステーション補給機（HTV）「こうのとり」を打ち上げるロケットで、日本で最大の打ち上げ能力を持っています。

イプシロンロケットは、主に小型の人工衛星を打ち上げるロケットです。

これからのさまざまな人工衛星や探査機などの打ち上げの需要《じゅよう》に対応するため、次期国産大型ロケットとしてH3ロケットの開発が進められています。

『アポロ13』を観《み》て宇宙を志す

――現在の仕事について教えてください。

堀　私は今、「H3ロケット」の第一段エンジン開発のプロジェクトマネジメントを担当しています。H3ロケットとは、現在打ち上げられているH-ⅡA、H-ⅡBロケットの次世代機として、二〇二〇年度に試験機1号機の打ち上げが予定されている、日本の新しい大型ロケットです。

H3ロケットの開発には、次のようなふたつの大きな目標があります。

ひとつは国際競争力。つまり、もっともっと世界

PROFILE

堀 秀輔（ほり・しゅうすけ）

JAXA　第一宇宙技術部門
H3プロジェクトチーム　主任研究開発員

1975年カナダ出身。2000年東京大学大学院工学系研究科修了《しゅうりょう》。2000年NASDA、現・宇宙航空研究開発機構（JAXA）入社。

で使われるロケットを造るということ。もうひとつは、国として今後何十年にもわたって、自力で宇宙に行ける輸送手段を確保するということです。そのためには、これからの時代のニーズに対応したH3という大きなロケットがなくてはなりません。

H3は、これまで日本が開発してきたロケットの中で最大のものです。H-ⅡAロケットが全長五十三メートル、直径四メートルだったのにくらべて、H3は、全長六十三メートル、直径五・二メートルにもなります。

ロケットを大型化したのは、二〇二〇年代の世界のロケット市場で戦っていくためには、H-ⅡAで打ち上げ可能な人工衛星の一・五倍くらいの重さのものを、静止軌道《きどう》*に運べる必要があるからです。

それだけではなく、世界のロケットと競争するときに重要なのは、ロケットの信頼性《しんらい》と価格競争力です。H3ロケットは、サイズが大きくなったにもかかわらず、打ち上げる価格はH-ⅡAロケットの半額、しかもこれまで高い実績を誇《ほこ》るH-ⅡAよりもさらに高い信頼性を持たせています。

低価格と高い信頼性、これらを実現するには、これまでのものとくらべて大幅《おおはば》にシン

＊　**静止軌道**｜赤道上空の高度約三万六千キロメートルの軌道。この軌道を回る人工衛星は、地球の自転と同じ速さで公転しているため、地上からは静止しているように見える。

H3ロケットの大気圏突破の様子を描いたイメージCG。（写真提供：JAXA）

プルな第一段エンジンを開発することが必要です。

新開発の第一段エンジン「LE-9」は、今までH-ⅡAに使われていた「LE-7A」エンジンよりも、大幅に部品点数を削減《さくげん》して、エンジンの仕組みそのものを簡素化しました。部品点数は、「LE-7A」の半分くらいになっていますが、「こんなに簡単な仕組みでも、ロケットエンジンとして成り立つんだ」というくらい、世界でもっともシンプルなエンジンシステムを採用しています。

シンプル化してコストもかなり下がりますが、3Dプリンターや最新の製造技術などを適用することで、従来の半額の価格で、一桁違《ひとけたちが》う信頼性を達成しています。

このように、私たちが目指しているのは「能力が高く、リーズナブルな価格で、信頼できるロケット」を造り、これからの世界のさまざまな宇宙輸送ニーズに応えることです。

――現在の仕事に就《つ》こうと思ったのは、何歳頃《さいごろ》ですか？　そのきっかけも教えてください。

堀　宇宙などに興味を持ったのは、小学校三、四年生の頃でした。

もちろん、その頃は職業として宇宙に携《たずさ》わることになるとはまったく考えていませんでした。宇宙やロケット、ロボットなどは、誰《だれ》でもそうだと思うのですが、漠然《ばくぜん》と夢を感じ、かっこいいなと思っていたくらいですね。

さかのぼって考えてみると、高校二年生のときの進路相談で、担任の先生に「大学で何をしたいのか」と聞かれて、「最新の技術である宇宙工学に興味がある」と答えたことが、航空宇宙工学を専攻《せんこう》することになった最初のきっかけだったと思います。当時はもちろん、それが職業になるとまでは思っていませんでしたが……。

大学では「航空宇宙推進工学」、つまり飛行機やロケットのエンジンシステムを専攻しました。大学のカリキュラムでいちばん大変だったのは、四年生の最後に行う「卒業設計」です。

卒業論文を書きながら、たった三カ月程度で、新しいエンジンをひとりひとつずつ考案・設計し、実物大図面を作製しなければならないのです。この「卒業設計」によって、最低限必要な技術的な知識が養われたことはもちろんですが、今から思うと、アイデアを創り出す力、幅広い調査能力、最後までやり抜《ぬ》く力、根気など、技術者として必要なさまざまな力も鍛《きた》えてくださっていたと思います。

ただ、大学に入学したときには、まだ将来、宇宙開発の仕事に就くという実感はありませんでした。

それが変化したのは、大学三年生のときに『アポロ13』*という映画を観て、非常に感動したことがきっかけです。『アポロ13』のどこに感動したかというと、事故を起こし

＊ **『アポロ13』**｜1995年のアメリカ映画。1970年に実際にアメリカのアポロ13号に起こった事故と、絶望的な状況の中、3人の宇宙飛行士をなんとか救出しようとするNASAのスタッフを描いている。

たアポロ宇宙船の救出が、壮大《そうだい》なチームプレーである、ということです。

登場してくるいろいろな人が、ひとりひとりはそれぞれ専門性のある分野のエキスパートであり、その人たちがいないと、成り立たない「チーム」が、国レベル、世界レベルで存在している、しかも絶望的な状況《じょうきょう》におちいりながら、仲間を救うというただひとつの目的のために、その人たちが一致《いっち》団結して、最後には無事救出に成功する……。

私は『アポロ13』を観て、宇宙開発はまさにチームプレーを国レベル・地球レベルで行っているものであり、なおかつ高い技術があって初めて挑戦《ちょうせん》できる世界であることを知って感動し、「必ず宇宙開発の仕事をしたい」と強く思うようになったのです。

――宇宙開発のような大きなプロジェクトを達成するには、チームプレーが何より大切ということですね。

堀　私は中学生のときはラグビー部に入っていて、チームプレーでみんな一緒《いっしょ》に大きなことに挑戦して、達成感を味わうというのが大好きでした。また、大学時代には、同級生で今は宇宙飛行士の大西卓哉《おおにしたくや》さんと一緒に「鳥人間コンテスト」に参加していました。あれもチームプレーです。

しかし、ひと言でチームプレーと言っても、私は人それぞれ、いろいろな考えややり方があっていいと思っています。私は、全員で苦しみを乗り越《こ》えて最後に楽しみがくるという達成感が好きだったのですが、いろいろなタイプの人を、統括《とうかつ》する人間がしっかりマネジメントできていれば、チームとしてうまく機能していくのです。

それと、お互《たが》いの妥協《だきょう》点ばかり探すのではなく、言いたいことを言いあって、時々はちゃんと喧嘩《けんか》をすることが大事ではないかなと思っています。大きな組織をまとめるときには、そういうことも必要です。

大切なのは目的、専門性、そして情熱

——現在の仕事で、いちばん大変なことはなんでしょうか？

堀　全体として、もっともいい設計やプロジェクトの進め方はどれかを見きわめること、いろいろな思惑《おもわく》を持ったたくさんの大企業《だいきぎょう》や人を相手に、それを調整し実現していくことが大変です。もちろん、その分やりがいがありますが。

仕事をするうえでは、アイデアを創り出す力、幅広い調査能力、最後までやり抜く力、根気、人脈や調整能力など、すべてが必要です。

しかし、仕事をするうえで絶対になくてはならないものは、purpose（目的）、professionality（専門性）、passion（情熱）だと思います。

私たちの仕事は、まずプロジェクトとして立ち上がるかどうか検討の対象になる研究開発レベルのものがあり、そういう研究に携わることになります。その技術の芽が出てきたら、社内、協力企業、関係機関、政府などいろいろなところに提案し調整します。提案するときには、単に「こんな技術がありますよ」という報告では駄目《だめ》で、きちんと「事業企画」として提案しなくてはなりません。それが最終的に政府に認められて政策として位置づけられ、ようやくプロジェクトが立ち上がるわけです。

プロジェクトが立ち上がると、今度は、「この範囲《はんい》でやりなさい」という予算やスケジュールが決まり、そこからは失敗の許されない世界が、完成まで続きます。プロジェクト立ち上げの前の技術検討、政府との調整、そこもひとつの壁《かべ》ですし、プロジェクトがはじまったあとの技術課題の解決、企業や関係者との調整、年度ごとの予算調整と、ありとあらゆるところに大きな関門が待っているということです。

苦しい部分が、仕事の八割ですね。

とくに技術の面では、「技術はウソをつかない」といいますか、技術の検討をおろそかにして調整を乗り越えても、必ずあとで問題が出てきます。

そういえば、先日おもしろいことがありました。

私は、ロケットの部品を造る工場を舞台《ぶたい》にした、あるテレビドラマの技術指導を担当していたのですが、打ち合わせのときにスタッフの方が「いいドラマを作るということに絶対に妥協はしません。視聴者《しちょうしゃ》が見て楽しめなければドラマとして成功ではないのです」とおっしゃったのです。制作にかかわるみなさまの頑張《がんば》りは、すさまじいものでした。

一方、実際に私たち宇宙開発に携わっている者は、どんな華《はな》やかでかっこいいプロジエクトに見えていたとしても、最後は技術なのです。そこはウソをつけません。技術は、絶対にごまかしがきかないというところが、もっとも厳しく、苦しいところなのです。

——ロケットエンジンの開発でも、大変な思いをされたということでしょうか。

堀 そうですね。たとえばロケットエンジンの燃焼試験をやると、普通《ふつう》の機械ではめったに見られない特殊《とくしゅ》な技術課題が、たくさん出てきます。

燃焼試験はだいたい三カ月くらいかけて、ひとつのエンジンで二十〜三十回くらい行われます。ところが、私が開発していたロケットエンジンで、打ち上げの一年前に終わらないといけない燃焼試験の中で、データに異常が発見されたのです。

そのときは燃焼試験が終わったら、すぐ次の打ち上げに使うエンジンを製造しないといけないというスケジュールでした。エンジンの製造にはだいたい一年くらいかかるのです。それで、燃焼試験をスケジュールどおりに完了しないと、ロケットを打ち上げられない、という事態になりました。

ロケットエンジンの燃焼試験はかなり大規模な試験で、企業からも、現場や設計技術者を含《ふく》めて何十人と参加していました。試験が予定より遅《おく》れるだけで、その分コストがかかります。遅れてはいけないし、検討の時間も十分ではないし、かといって試験終了の時間もずらすことはできません。

ではどうしたかというと、試験自体は中止にせずに、三日後を目標にまたやることにして、次の試験までに、いちばんあやしいと思っている原因を割り出すことにしました。ほとんど毎日徹夜《てつや》して、次の日の朝に企業と打ち合わせをするための技術検討資料を作ります。企業は企業で同じような資料を作って、両方をつき合わせて、どちらが正しいのか、あるいはどちらも確認《かくにん》しないといけないのかを検討しました。種子島《たねがしま》で、ずーっとです。

そうしてその問題を一生懸命《けんめい》考え、いろいろなデータや資料を調べていくうちに「これは燃焼試験のときだけ起きる問題であり、実際の打ち上げでは起きない」ということがわかって、予定どおりロケットの打ち上げが行われることになりました。

実は今開発しているH３ロケットも、試験機１号機が二〇二〇年度に打ち上げられる予定です。というと、もう四年ほどしか時間がありません。

エンジンは現在（二〇一六年五月）設計している段階ですが、限られた時間の中でやり遂《と》げるべく、企業も含めて日々奮闘《ふんとう》しています。

先ほどの燃焼試験の話は一年後に打ち上げということでしたが、H3の場合、もうすぐ設計が完了して、二〇一六年度の終わりくらいに燃焼試験をはじめる予定です。五年後の打ち上げまで予定がぎっしり詰《つ》まっているので、確実に1号機を打ち上げるために、まずはその燃焼試験を計画どおり進めなければならず、緊張感《きんちょう》を持って日々開発にあたっています。

嬉《うれ》しいことしかない仕事なんてない！

——今まで仕事をするうえで、もっとも感動したのはどんなことですか？

堀　長年かかって開発した「LE-7A」エンジンの最後の技術課題を解決し、開発を完了し、二〇〇九年九月十一日、それがH‐ⅡBロケット試験機に搭載《とうさい》されて打ち上げに成功したときです。

先ほどお話ししたように、LE‐7Aエンジンは、何年もかけてさまざまな技術課題を解決し改良した結果、ようやく最終形態として完成したものです。それが今打ち上げに使われているエンジンなのです。

このH‐ⅡBロケット試験機打ち上げのときは、私は仕事でアメリカに行っていて、打ち上げ成功は、ニュースで知りました。

H‐ⅡBロケット試験機で打ち上げたのは「宇宙ステーション補給機　HTV技術実証機（こうのとり1号機）」だったため、アメリカにとっても重要なことでしたので、かなり大きなニュースだったのです。そのとき一緒に働いていたアメリカの人たちからも、「本当によかった」と祝福されて、別の角度からの嬉しさもありました。

NASA（アメリカ航空宇宙局）と共同で仕事を行う際には、日本で仕事をするうえでは当たり前のことですが、丁寧《ていねい》で誠実な仕事を心がけ、一生懸命取り組みました。その結果、成果が認められてとても喜ばれました。このときあらためて「日本での仕事のやり方は、世界でも通用する」と実感しました。

また、二〇一一年に東日本大震災《だいしんさい》が発生したときには、JAXA（宇宙航空研究開発機構）の筑波《つくば》宇宙センターや角田《かくだ》宇宙センターも被災《ひさい》しました。そのとき私は経営企画部にいて、計画管理担当主任として復興計画のとりまとめを命じられました。

すぐさま担当各部と調整し、資金も含む復興計画を一カ月で作り上げることができましたが、いざというときに発揮《はっき》される各部署のプロフェッショナルとしての仕事ぶりと、JAXA全体のチームワークに感動した覚えがあります。

やはり、嬉しいことしかない、あるいはかっこいいことしかない職場は、ないと思います。そういう大変な状況を乗り越える覚悟《かくご》と、実際に乗り越える作業をやって初めて嬉しいことがやってくるのだと思います。

――日本の宇宙開発は、H3ロケットによってどう変わっていくでしょうか。

堀　これまでの日本の宇宙開発は、技術的に先進国に追いつこうとする活動が中心の時代でした。しかし現在の日本は、「H-ⅡAロケット」、国際宇宙ステーションの日本実験棟《とう》「きぼう」、宇宙ステーション補給機「こうのとり」、各種の人工衛星などを実現して、宇宙開発の先進国になっています。

これからは世界をリードする立場で活躍《かつやく》することが求められているので、その先には、火星探査など、各国が協力しなければ実現できない、人類としての活動があると思います。その一方で、宇宙開発は競争の厳しい分野でもあるため、競争に勝たなければ活躍することができません。

H3ロケットは、先ほども言ったとおり「能力が高く、リーズナブルで、信頼できるロケット」として競争力を持ち、これからの世界のさまざまな宇宙輸送ニーズに応え活躍することを目指しています。このロケットを持つことによって、①競争力を持つだけでなく、②日本がどこよりも宇宙開発・利用をしやすい国になり、③各国が協力しなければ実現できない活動で世界に貢献《こうけん》できる国になっていくと思います。

宇宙開発・利用は、まさにこれからの分野

――これからロケット開発をしてみたい、と考えている子どもたちにアドバイスをお願いします。

堀　ロケットに興味を持っている子たちに対してということですね。

第一に、あまり偏《かたよ》った勉強はしないほうがいいと、私は思っています。できるだけ、いろいろなことに興味を持ってほしいですね。将来、何が役に立つかわかりませんし、「ロケット」という分野に着目しても、今後さらにもっと発展していかなくてはなりません。

これまでのロケット技術に関係するものにしか興味がなかったり、知らなかったりすると、発展もないのです。

世の中にはたとえばスマホなど、ロケットよりもっと進んだ技術でできているものも

あるわけですから。そういう一見して宇宙開発に関係なさそうに見える技術でも、とにかくありとあらゆることに前向きに取り組むべきだと思います。

――文系理系にかかわらず、ということでしょうか？

堀　そのとおりです。たとえば、ロケットというと技術的な側面がとらえられがちですが、世界情勢や国のポリシー、社会から求められているものなど、さまざまな観点から見て、いい事業にしないと長続きしません。「自分は理系だから、理系の勉強しかしない」というのでは駄目です。

ひとつのプロジェクトを統括する立場になればなるほど、広い視野が必要になってきますし、若手で技術研究中心にやっているときでも、社会的な視野があって、初めていい仕事ができるのではないかと思います。

――近い将来、宇宙探査の範囲なども広がり、探査機などがどんどん遠くの天体に行く時代がやってくると思います。また宇宙飛行士でなくても、いろいろな人がもっと宇宙に行きやすくなる時代が来るでしょう。ロケットを開発している方として、どのように考えていますか？

堀　大きくふたつあります。

ひとつは、現在各国が宇宙開発でいろいろなことをやってきて、いろいろなことがわかり、またいろいろなことができるようになってきた、と考えられています。

しかし、宇宙はまだまだ、これからの世界です。地上の産業にくらべて、わかっていないことも、これからできるようにならないといけないことも、まだまだたくさんあるのです。

だからフロンティアの広さとでもいうか、チャレンジすることができるのです。

宇宙はこれからの分野なので、ぜひ夢を持ってください、と言いたいですね。

では宇宙開発がこれからどういうふうに広がっていくのかというと、まず行き先です。

今、人工衛星や国際宇宙ステーションが回っているのは、地球の表面からわずか数百キロメートル上空です。地上から約三万六千キロメートル離《はな》れた静止軌道といっても、月までの距離《きより》の十分の一くらいにすぎません。

せいぜい地球の近くの宇宙空間で探査を行うのが、今やっている活動なのです。

しかし、これから先は、行くことのできる範囲がどんどん広がっていって、探査機にしても火星や金星など近くの天体だけではなく、もっと遠くへ行くでしょう。

もうひとつは、地球のまわりで行われているいろいろな活動、たとえば人工衛星を使った宇宙開発も、もっともっと高度になっていくはずですし、世の中にも役に立つものになっていくはずです。

この両方の意味で宇宙開発は、広がっていくことが予想されています。しかし、その活動を大きく制約してしまっているのは、ロケットなのです。

——ロケットの性能やコストが、これからの宇宙開発のカギを握《にぎ》っていると？

堀　そうです。現在のロケットは世界的に見ても一回打ち上げるのに百億円規模の費用がかかり、せいぜい数トンくらい（静止トランスファ軌道の場合）のものしか打ち上げられません。

この程度のものしか宇宙に運べないのでは、おのずと宇宙でできる活動に制約ができてしまいます。これは、まだまだ変えていかないといけないですね。

そういう意味で、ロケットにはまだまだやることがあります。そのためには、しっかり勉強してもらって、機械工学、電気工学、宇宙工学、そういう専門性はしっかり持ってもらって、かつ広い視野を持ってください。それがひとつです。

もうひとつは、とくにアメリカでのことですが、大きなプロジェクトに国がお金を出して牽引《けんいん》してというやり方は、すでに過去のものになりはじめています。

スペースX社*のリユーザブル（再使用型）ロケット「ファルコン9」*が宇宙空間から無人船上に着陸する実験を行っていますが、ああいう民間企業による宇宙開発が現実にはじまっているのです。

それに、国際宇宙ステーションに取りつけた試験用の折りたたみ式居住施設《しせつ》に内側から空気を入れてふくらませる実験も行われましたが、あの折りたたみ式も、民間企業

＊　**スペースX社**｜ロケットや宇宙船の開発、打ち上げといった宇宙輸送を行っているアメリカ合衆国の民間企業。

＊　**ファルコン9**｜スペースX社が打ち上げている二段式のロケット。一度打ち上げたロケットのエンジンを逆噴射させ、垂直着陸を行って回収・再使用する実験が行われている。

（ビゲロー・エアロスペース社）が開発しています。

ニュースで取り上げられるようなああいう人たちは、民間で宇宙開発をしている人たちの中のごく一部で、アメリカに行くと、宇宙でアメリカンドリームを目指している人たちが、めちゃくちゃいっぱいいるんですよ。

多くの大学院生たちはいつか起業しようと思っていて、起業するためにまずは会社のやり方を勉強しようと、大きな会社に就職したり、そうかと思うと、自分の庭先でガレージエンジンのようなもので燃焼試験をやっているおじさんがいたり……。

日本は国土も狭《せま》いし、資源が限られているという事情もあるのですが、これからの世界を見ると、日本もＪＡＸＡが宇宙開発を主導する現在のやり方しかないわけではありません。日本ももっと世界の中で、民間の力を活用してやっていかないといけないと思うのです。

ＪＡＸＡも、今やそういう時代の中にいるのです。それを忘れてはいけません。

宇宙開発は、これまでは国が莫大《ばくだい》なお金を出して国のためにやる時代でしたが、そうではない世界に変わりはじめています。だとすれば今後、宇宙関係の仕事で活躍しようと思ったら、専門性とともに広い視野が大切です。

宇宙開発・利用はまさにこれからの分野です。宇宙という未知の領域を地球や人類全体のためにどのように役立てていくか、国際パートナーとしての視野とチームプレーが求められています。

いずれにしても必要なものは、どの仕事にも通じると思いますが、第一に情熱、それから広い視野と、基盤《きばん》となる信頼できる技術力だと思います。

勉強、遊びともに全力投球で頑張り、視野を広げ、好きなことをたくさん見つけてください。

We want to
work
related to
the universe.

mission

月面で動く車両を目指して

月面で調査や作業などの活動をするには、広い範囲《はんい》にわたって動き回る必要がありま
す。それを実現するのが、月面ローバのような車両です。ですが車といっても、走る環《かん》
境《きょう》は地球と月では大きく違《ちが》っています。

月の重力は、地球の六分の一しかありません。また、月の表面には大気がなく、真空状態になっています。温度は、赤道・中緯度《ちゅういど》地方で昼は摂氏《せっし》百度以上、夜は場所によっては摂氏マイナス二百度近くに達し、厳しい寒暖の差があります。

表面は、月レゴリスと呼ばれる非常に細かい砂で覆《おお》われていて、普通《ふつう》の車輪では砂の中に沈《しず》み込《こ》んでしまいます。またレゴリスは、さまざまな機器にまとわりつき、小さな隙間《すきま》から入り込んでくるので、故障の原因になりかねません。

月は地球から約三十八万キロメートルも離《はな》れていて、電波が往復するのに約三秒かか

ります。そのため、月から送ってきた画像を見ながら操縦していると、突然《とつぜん》障害物が現れたときに対処が遅《おく》れます。そのため月面ローバには、自分で障害物を検知して避《さ》ける能力が必要とされます。

アメリカのアポロ計画によって、これまで十二人の宇宙飛行士が月面に降り立っています。アポロ計画以後、最大規模と言われた月周回探査を行ったのは日本で、二〇〇七年に打ち上げられた「かぐや」は、月を回る軌道《きどう》から約一年半にわたって月の詳細《しょうさい》な観測を行っています。

PROFILE

若林幸子（わかばやし・さちこ）

JAXA　宇宙探査イノベーションハブ
研究領域主幹

工学系大学院修了《しゅうりょう》。2015年から現職。

宇宙と地上の技術を融合《ゆうごう》させる「宇宙探査イノベーションハブ」

――現在の仕事について、教えてください。

若林　私は、これまで宇宙と関連がなかった企業《きぎょう》に宇宙開発に参加してもらい、技術革新にもつなげるために新たに設置された「宇宙探査イノベーションハブ」という組織で、月や火星で活動するために必要な技術の研究をしています。

「宇宙探査イノベーションハブ」では、月や火星などを探査するための技術と、地上の最先端《さいせんたん》技術を融合させて、革新的な技術を作りだし、その成果を地上の産業でも実用化しようという取り組みを行っています。

私が研究している月面で作業するための車両は、「月面ローバ」と呼ばれる場合もあります。ローバは英語では「rover」と書き、「rove」は「うろつく」というような意味です。月や火星を調べる無人のローバがよく知られていますが、かつてのアポロ計画のように人が乗って運転する場合もありますし、月面に建築物を建てる場合には、建設機械に発展していく可能性もあります。そのため、私としては「ローバ」というより「車両」と呼びたいですね。

月面で何を探査するのかというと、日本はまだ探査機を月面に着陸させたことがないので、月面のすべてが探査対象とも言えます。ローバで月面を探査する目的には大きく分けて、科学目的と利用目的のふたつがあります。月が何でできているか、どう進化してきたかなどを調べるのが科学目的です。利用目的というのは、たとえば、人間が月面に行ったときに現地で使える材料がないか、などを調べることです。

――月面と地球上では、環境が大きく違いますね。

若林　月面用の車両を開発する際は、月面で予定どおり動くかどうか事前に確認《かくにん》する必要がありますが、いちばん難しい点のひとつは、地上に月面とまったく同じ環境を作って検証できないということです。

月面は真空状態で、真空チャンバー（真空の環境を作りだす装置）などを使えばある程度実現できますし、月面の細かな砂（レゴリス）も似たようなものを作ることができます。寒暖の差が激しい温度環境もある程度再現できるのですが、地球の約六分の一という重力の模擬《もぎ》は、簡単ではありません。

走行の実験は砂場などを作って行っていますが、車両本体は、全体を軽くしたり、カウンターウェイトを逆サイドに装着すれば、月面で軽くなったときのように振《ふ》る舞《ま》わせることはある程度できます。でも、砂粒《すなつぶ》ひとつひとつにかかる重力まで再現することはできません。

いずれにしても、地上で月面を再現して検証をするには、大がかりな実験装置などが必要になり、非常に手間がかかります。

「実際に月に行って実験したほうが早いんじゃないか？」と冗談《じょうだん》を言われるくらい大変です。

——大変な苦労をして研究をしているということですね。

若林　ただ、地面があるというのは非常に地球に近いということですから、地上の自動車などの技術と重なるところが数多くあります。重力もあるので、原理的には地球とほとんど同じ技術が使える可能性があるのです。

地上の建設機械なら、月面の環境は地球とは違うので、もちろん変えなくてはいけない部分もありますが、月面でも原理的には同じように動きます。それで道路の建設をしている会社には「月面道路を作ってください」と頼《たの》んだりしています。

月面で暮らすには衣食住すべてが必要ですから、月面で植物を育てる仕組みをつくら

月面ローバ試験モデル。（写真提供：JAXA）

ないと、食べ物がなくなってしまうかもしれません。

地上と似たいろいろな技術が必要になるので、現在JAXA(宇宙航空研究開発機構)では、民間企業に宇宙に使える可能性のある技術情報の提供を求めています。その技術が宇宙と地上で共通に使える可能性がある場合は企業と一緒《いっしょ》に共同研究をやらせていただくというもので、文字どおり「イノベーション(技術革新)」につながる技術を目指しています。

実際に「これまで宇宙なんて考えたこともなかった」という企業が、思わぬところでこちらと目的が一致《いっち》して、現在一緒に仕事をしているという例もあります。

これからは、月や火星など他天体と地球の違いではなく、共通する部分に注目していただきたいと思います。将来的には、いろいろな会社の製品カタログに「月面仕様」と書かれた製品がラインナップされる時代が来るかもしれません。

大切なのは「問題を解決する能力」

――宇宙に関心を持ちはじめたきっかけは？

若林　大きなきっかけはとくにないです。テレビで宇宙関連の番組があれば見ていましたし、もともと理系に興味があったのは間違いないですが、いつの間にかですね。

――現在の仕事に就《つ》こうと思ったのは何歳頃《さいごろ》でしょうか？

若林　仕事という感覚でとらえたのは大学に入って、実際に就職が見えてきてからですね。高校生のときは、まだ見えている世界が狭《せま》いですし、知らない職業が山ほどあったわけですから。

――現在の職業に就くためにどんな勉強をしましたか？

若林　私が小さい頃はインターネットもなかったので、基本的には本を読むなど、当たり前のことしかしなかったです。私は授業を聞くより独習が向いていたようで、勉強は自分のスタイルというか、どうやると自分にとって効率がいいかを考えてやっていました。

得意なところを勉強したというより、私は全体をまんべんなくやったほうです。ひとつのものにのめり込むように勉強した人は、それなりの成果が出るでしょうし、どのやり方がよいか、判断するのは難しいですね。

同じように、「この仕事に就くためにこの勉強をしよう」という計画を立ててもいいのですが、考えたとおりにはいかないことも多いと思ったほうがいいでしょう。

私も就職するまでは月に関する研究をすることになるとは、まったく思っていなかったですし、それがおもしろいところなのだと思います。

もちろん自分がまったく興味のないことはできませんし、自分に明らかに素養のないものもできません。それまでやっていた仕事の内容をガラッと変えるといっても、できる範囲にはなると思いますが。

――月面ローバを研究することになったきっかけは？

若林　これも半分は偶然《ぐうぜん》です。就職したときの最初の仕事のひとつがそれでやってみた、というところです。ところが半年くらい月面ローバの研究をやってから、別のプロジェクトにかかわることになり、そちらに五〜六年間かかりっきりになっていて、月を完全に忘れている期間もありました。

そのプロジェクトが終わったときに「もう一度、月をやろうか」という話が出て、再び月探査に関する研究をすることになりました。

――仕事のうえで、今までとても大変だったことは？

若林　就職した頃のことでひとつ挙げるとすれば、私は大学時代、主に宇宙以外の研究をしていたのですが、就職してから宇宙技術の研究をすることになったので、勉強をし直しました。

――そのような時期をどうやって乗り越《こ》えたのですか？

若林　大学の勉強というのは、高校までの「答えがある世界」ではありません。知識も重要ですが、どう問題を解決するか、それを身につけるのも大学の勉強です。そして、自分が困難な問題にぶつかったとき、どう答えを出すかという解決能力を身につけていれば、別の分野の知識が必要になっても、ある程度やっていけるのではないでしょうか。また、大学時代は主に個人で問題を解決する能力を身につけますが、就職してからはチームで役割を分担して問題を解決する場合も多くなります。

私は大学を出るときに「ひとつの分野を何十年も続けていれば、知識が溜《た》まるのは当たり前。でも、そういう専門家は、必ずしも世の中から求められていない」と言われました。これは、ひとつの分野にこだわるのではなく、そのとき必要とされている知識を身につけて問題解決にあたる柔軟《じゅうなん》性も必要だ、ということなのだと思います。

もちろん、「この道何十年」の専門家も必要ですが、その時々に必要とされる役割を考えながら問題解決にあたることが求められる人も多いのではないでしょうか。自分自身がやりたいことでも他の人にやってもらわないといけない場合もあります。社会に出てから必要とされるのは、そういう問題解決の仕方もあると思います。

ひとつのことを深掘《ふかぼ》りしながらも、それだけにこだわらないバランスが必要です。そのバランスを決めるのは自分自身なので、あまり他人の言葉に惑《まど》わされずに頑張《がんば》ってくださいということを、この本の読者に言うべきかもしれませんね。

夏休みに月旅行ができる時代がやってくる

――今まで仕事をしてきた中で、いちばん感動したことはなんでしょうか？

若林　先ほど五〜六年間プロジェクトにかかわっていたと言いましたが、それは、技術試験衛星Ⅶ型「きく7号」*に搭載《とうさい》されたロボットアームを地上から遠隔《えんかく》操作して搭載した実験装置を動かすというプロジェクトでした。

宇宙に限らず、物を造って動かすということは、一部だけうまくできても動きません。自分が得意なところだけうまく造っても、全体がきちんと造り上げられていないと、自分の動かしたい部分も動かないのです。ですので、「きく7号」のプロジェクトで、衛星が打ち上がり、開発に携《たずさ》わった装置が実際に動いたときは、やはり感動しましたね。

衛星が打ち上がったら、次には運用がはじまります。私が「きく7号」の運用にかかわっていたのは二年間だったので、打ち上げを喜んでいる暇《ひま》もなく、毎月運用するのに精一杯《せいいっぱい》で、二年間が過ぎて、やっと「終わった」という感じでした。運用が終わる頃には次の業務がはじまり、忙《いそが》しかったとはいえ、おもしろかったですね。

宇宙開発のプロジェクトは、実現するまでに十年以上かかる場合も多いので、仮に二十代で就職しても生涯《しょうがい》に携われるのは、実際には三つか四つです。ですが、やりたいときにやりたいことができるとは限らないので、与《あた》えられた仕事と、自分がやりたいこと

＊　**きく7号**｜「きく7号」は、1997年11月に打ち上げられた宇宙開発事業団の技術試験衛星。チェイサー衛星（ひこぼし）とターゲット衛星（おりひめ）の2機の衛星からなり、将来の宇宙活動に必要なランデブー・ドッキング技術、宇宙用ロボット技術などの実験を目的として開発された。

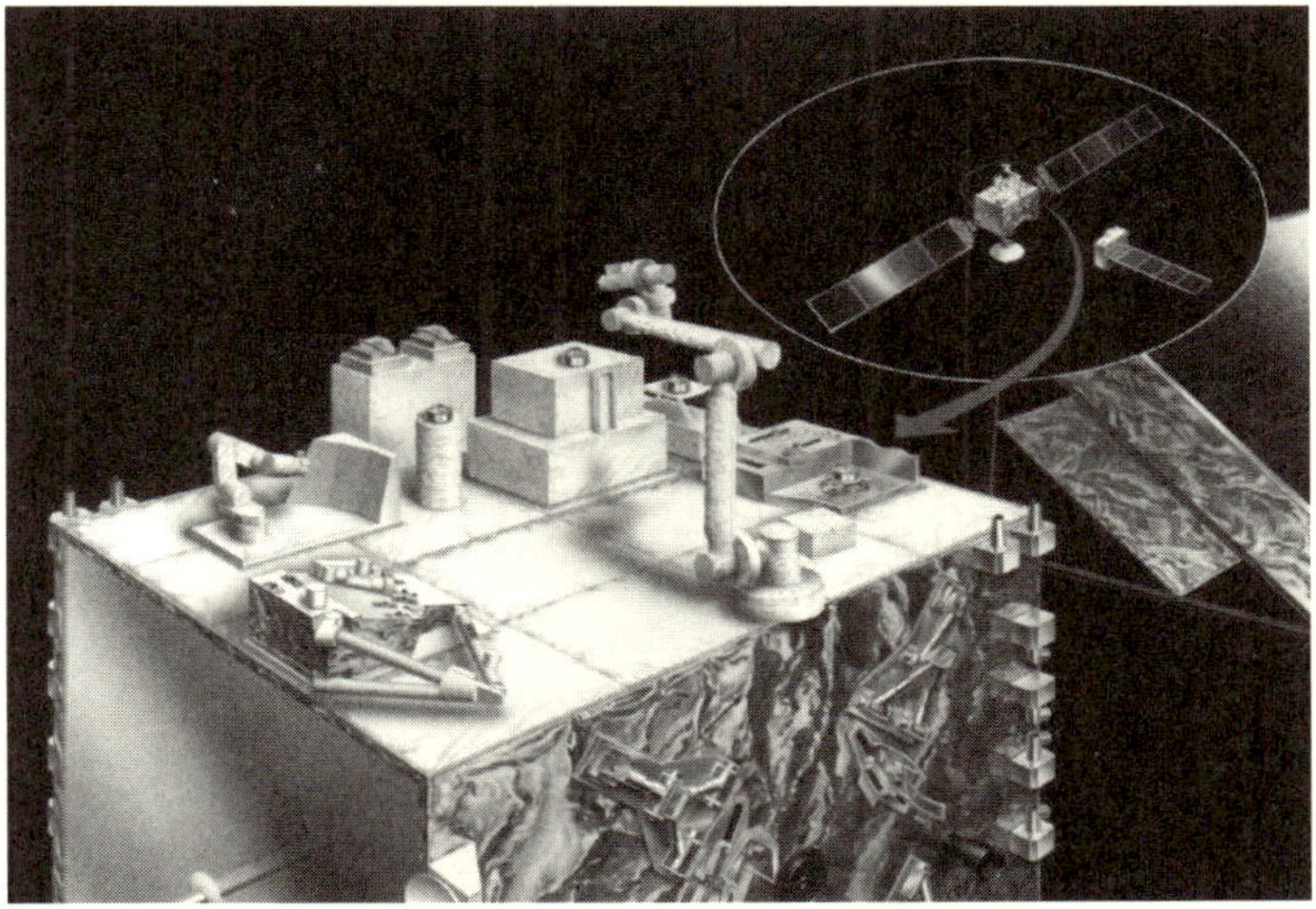

技術試験衛星Ⅶ型「きく７号」に搭載されたロボットアームと実験機器。（写真提供：JAXA）

を、うまく折り合わせながら進めていく面もあります。

――月探査機「かぐや（SELENE）」で、当時アメリカのアポロ計画以来最大と言われた月探査を行ったのは日本です。月の魅力《みりょく》はどの辺にあるでしょうか。

若林　「かぐや」では月のまわりを回って観測しましたので、次は月面に降りて直接調査したいと、多くの人が思っていると思います。身近な月に関する知識が増えることはおもしろさのひとつです。さらに、やはり月は地球にいちばん近い天体ですから、我々が行ける可能性が高いことも魅力だと思います。
実際、火星まで行くとなると、到着《とうちゃく》するまで数カ月かかりますし、まだ誰《だれ》も行ったことがありません。でも月は、実際にアポロ計画で月に降り立った人がいるわけですから、案外早くいろいろな人が月に行ける時代が来るのではないか、という気もします。将来的に、たとえば夏休みに月に行って帰ってこられる可能性もあります。月は現実に行けそうなところなので、そこは一般《いっぱん》のみなさんと共有できる魅力なのかなと思っています。

どんな企業に入っても、宇宙の仕事ができる時代

――最後に、宇宙関係の仕事を目指す子どもたちにアドバイスをお願いします。

若林　私は「この職業を目指すのだったら、この学部に入らなくては」といったやり方は、あまりお勧《すす》めしません。
昔は、「宇宙開発をやるなら、これを勉強したほうがいい」というような時代もあり

ましたが、今は、どんな職業に就いても宇宙開発の仕事にかかわるかもしれない、という可能性に満ちた時代です。

だとすれば、まずは自分が好きな勉強をして、そのあとどう宇宙にかかわっていくかを考えてもいいのではないでしょうか。

この本の読者が就職するのが今から十年後だとすると、その頃には「どうして地球の技術と月面の技術を区別するの？」という時代が来ていてほしいと思いますし、実際にだいぶ世の中が変わっているでしょうから、宇宙を特殊《とくしゅ》な分野だと思わずに、幅広《はばひろ》く勉強していってほしいと思います。

もうひとつ。夢を持ち目標を立てて進むことは大事ですが、それだけに縛《しば》られてしまうと、自分に向いている別のものが目の前に現れたときに気づかないかもしれません。十代で見える世界はまだ狭いので、「自分たちが三十歳、四十歳になる頃には、世の中は、今とは全然違う世界になっているかもしれない」と考えて、肩《かた》に力を入れずに自分自身の進む道を探していってほしいと思います。「与えられた仕事でも、やってみるとおもしろくなるものだよ」と言う人もいます。世の中にはいろいろな考え方があります。

私は現在、読者のみなさんくらいの年齢《ねんれい》だった頃には想像していなかった仕事をしています。この本を読んでいるみなさんも、将来、今考えているよりももっと違う職業に就いているかもしれません。

ある日「やらないか」と言われたことをその場で「やる」と答えたことで、自分の将来が変わることもあるわけですから、今の考えにとらわれず、自分自身にとってよいものを見つけていっていただけたら、と思います。大切なのは「目標を立てつつも柔軟に」ということだと思います。

ミッション 3

遠くを見つめて宇宙を探れ!

WORLDLY WISDOM
FOR 14 YEARS OLD

mission

天文学者になりたい

国立天文台は、江戸《えど》時代に造られた幕府天文方《てんもんかた》から数えると、三百三十年以上の歴史を持つ、日本の天文学の中核《ちゅうかく》です。国立天文台の本部は東京都三鷹《みたか》市にあり、その他日本内外にいくつもの研究・観測施設《しせつ》があります。

職員の数は国立天文台全体でおよそ五百名います。そのうち研究者は半分、残りの半分は研究をサポートする技術系、事務系などのスタッフです。

また、国立天文台は「大学共同利用機関」と呼ばれる機関のひとつで、天文学を研究する日本中の大学の研究者と大学院生に共同利用、共同研究の場を提供することが現在の主な仕事です。国立天文台では、現在百名近い大学院生と国内外の研究者が職員と共に研究をしています。

天文学の魅力《みりょく》や最新の成果を、正確にわかりやすく伝えるのが仕事

——現在の仕事について教えてください。

縣　私は国立天文台で働いています。天文台に勤めるようになったのは、十七年前の一九九九年からで、それまでは学校の教員をしていました。

国立天文台は日本の天文学研究のナショナルセンターです。天文学を研究している研究所は、国内でいうと国立天文台とＪＡＸＡ（宇宙航空研究開発機構）の中の「宇宙科学研究所（ＩＳＡＳ）」があります。ＩＳＡＳ（アイサス）は神奈川《かながわ》県相模原《さがみはら》市に

PROFILE

縣 秀彦（あがた・ひでひこ）

国立天文台　天文情報センター
准《じゅん》教授／普及《ふきゅう》室長

1961年長野県生まれ。東京学芸大学大学院修《しゅう》了《りょう》（教育学博士）。東京大学教育学部附属《ふぞく》中・高等学校教諭《きょうゆ》等を経て1999年より国立天文台勤務。現在、天文教育研究会会長など。

あり、ロケットで探査機や人工衛星などを打ち上げて、宇宙のさまざまな現象を調べています。

埼玉《さいたま》県和光市に本部を持つ理化学研究所などにも研究者はいますが、やはりもっとも大きな研究所というと、国立天文台ということになります。

国立天文台は主に、地上から今年初めて観測された重力波はもちろんのこと、光、赤外線、電波といった電磁波による天体の観測や研究、そして理論研究もしています。天文台にいるパーマネント（任期なし）の研究者は百五十人弱、今はいわゆるポスドク（博士研究員）という期限付きの研究員も多いので、職員全体では五百〜六百人ほどです。

国立天文台にはハワイ観測所の「すばる望遠鏡」、チリ観測所の「アルマ望遠鏡」*など大きなものから小さなものまで、現在十四のプロジェクトがあります。

天文学は五千年に及《およ》ぶ歴史を持つ、もっとも古い学問のひとつです。なおかつ宇宙の誕生から遠い未来までというとても長いタイムスケールで、宇宙で起こっている現象を観測し解明します。私は、天文学とは我々の生き方を考えるためにもっとも役に立つ学

＊　**アルマ望遠鏡**｜アメリカやヨーロッパと共同で南アメリカ・チリの高度5000メートルにあるアタカマ砂漠に造られた電波望遠鏡。パラボラアンテナ66台を組み合わせた巨大電波望遠鏡。2013年に本格的な運用が開始された。

国立天文台三鷹キャンパス（2013年）の全景。（提供　国立天文台）

問であり、それに携《たずさ》わっているという自負があります。

その一方で、天文学はたとえば、何かの特許をとってその利益を配分するというような経済活動の面ではそれほど期待できません。そのため天文学のような基礎《きそ》科学の研究は、一般《いっぱん》の方々が関心を持ち、研究を自分のこととして考え、応援《おうえん》したいと思ってくれないとその発展はありません。

天文学に限らず、基礎科学はすぐ目の前の利益誘導《ゆうどう》的なものではなく、「文化」に近い面を持っています。私の仕事は天文学の魅力や最新の成果を、子どもたちを含《ふく》む一般の人たちに、正確にわかりやすく伝えるということだと思っています。

研究者の数は、一九九九年に「すばる望遠鏡」ができてから一気に増えて、今は国立天文台の職員は五百名以上います。しかし、それ以前は二百人台でしたから、ここ十数年で予算にせよ人にせよ、規模が変わってきていることがわかると思います。

すばる望遠鏡以前、今私がやっているような「天文学を一般の人に広く伝える」という仕事が必要だったかというと、研究者は自分の抱《かか》えている研究だけで手いっぱいで、とてもそんな余裕《よゆう》はなかったというのが実情です。

以前は私のように本を書いたり、テレビやラジオに出演したり、講演をしたりすることはあまり積極的ではありませんでした。

しかし現在では、世の中に対して自分の研究を広くアピールしていくことが大切だと気づいた研究者が増えています。

――星や宇宙に関心を持ったきっかけを教えてください。

（右）1921年に完成した第一赤道儀室。国立天文台三鷹本部でもっとも古い観測施設。
（左）第一赤道儀室にある、ドイツのツァイス製20センチメートル望遠鏡。（提供　国立天文台）

縣　私は、長野県の大町市（当時は八《や》坂《さか》村）の出身で、現在は「信濃《しなの》大町観光大使」も拝命《はいめい》しています。

大町市は北アルプスの後立山連峰《うしろたてやまれんぽう》の大地《だいち》溝帯《こうたい》、つまりフォッサマグナの上にあり、まわりを山に囲まれています。空気が澄《す》んでいて、夜も暗いので星がきれいに見えて、興味を持つきっかけになりました。しかし、私の住んでいた地域の人たちが、みんな星好きかというと、そんなことはありません。

私が宇宙に興味を持つようになったのは、ある本との出会いがあったからです。

私は、どちらかというとあまり人と接するのが得意でない子どもでしたので、図書室でずっと本を読んでいるのがいちばんの幸せでした。それで人生で最初に抱《いだ》いた野望は、小学校の図書室にある本を全部読むということでした。

しかし、結局その野望は達成できませんでした。なぜかというと「自然科学」の分野の本があまりにおもしろく、繰《く》り返し読んだので、そこで読書の履歴《りれき》が止まってしまったからです。小学校四年生のときに読んだ『宇宙の神秘』という本のいちばん最後にある貸し出しカードに書かれているのは、すべて私の名前でした。また、あかね書房《しょぼう》の『星の一生』など科学アルバム・シリーズにもはまりました。これら小学校の図書室にあった本が、その後の私の人生を決めていったのだと思います。

もうひとつは、日本時間で一九六九年七月二十一日、小学校の理科室で先生たちとアポロ11号の月着陸の様子を白黒の真空管テレビで観《み》ていました。月からの映像の記憶《きおく》はあまり残っていないのですが、心躍《おど》らせ、自宅まで帰ったことをよく覚えています。そのとき私は、大人になったら月に行ってみよう、火星にも行ってみようという夢を抱きました。

――子どもの頃《ころ》の夢を、どのようにして現在の職業につなげたのでしょうか？

縣　今の五十代後半より上、団塊《だんかい》の世代と呼ばれる人たちが若い頃、天文学を志そうとしたら天文学者になる道は限られていました。それは、東京大学、京都大学、東北大学のいずれかに入学して、天文学の研究室に入ることでした。

「宇宙」という言葉を広くとらえて、航空宇宙工学部でエンジニアとしてロケットを開発するといった道もありますが、純粋《じゅんすい》に宇宙を観測して「天からの手紙《ふみ》を読み解く」ための天文学をやりたいと思えば、ほぼその三つの大学に入るしかなかったのです。

事実、私より年上の天文学者の多くは東大または京大出身です。そのくらい一極集中というか、選択肢《せんたくし》がありませんでした。

私は、天文学を学ぶにはこれらの大学に入るしかないと考えていましたが、私の生まれ育った当時の八坂村には、大学出の人というと医者と学校の先生しかいませんでした。そういう環境《かんきょう》でしたので、親にもまわりの人にも「大学に行って何をするのか？」と言われてしまうような状況《じょうきょう》でした。

私の兄が信州大学の教育学部に行っていたこともあって、「地元の国立大学である信州大に行けば天文の先生もいて、勉強ができるだろう」と考え、信州大に入学しました。ところが当時、信州大には天文学の研究者はひとりもおらず、研究もできないことがわかりました。がっかりした私は悩《なや》んだ挙げ句、たった三カ月で大学を辞《や》めることを決意しました。

それを聞いた母親は、声を上げて泣きましたし、父親には「おまえはもうどこでどうなってもかまわん」と言われました。

大学を辞めて田舎《いなか》に帰った十八歳《さい》の夜、私は「俺《おれ》の人生も終わりだな」と思って村のはずれの崖《がけ》の上に立っていました。しばらく夜空を眺《なが》めていると、しし座が上ってくるのが見えました。しし座は、獅子《しし》がぐっと力強く空に駆《か》け上がる形をしています。

私は、その姿を見て、自分の夢に向かって再チャレンジすることを決意しました。

それ以後、夜空にしし座を見つけると、いつも勇気をもらっています。

目標の大学にチャレンジするため、模試を受けに東京に出てきた私は、高校時代に仲のよかった同級生のアパートに泊《と》めてもらうことにしました。彼《かれ》は東京学芸大学に現役《げんえき》で入学していて、下宿は小金井《こがねい》市にありました。

学芸大に行ってみると、天体望遠鏡を設置してある天体ドームがふたつもありました。しかも、大学要覧を見ると、教員に天文学者が三人もいるのです。天文学の研究者になるには、東大、京大、東北大に行くしかないと思っていたので、このときは本当にびっくりしました。

実は、地学の教員を養成する大きな大学、たとえば福岡《ふくおか》教育大や大阪教育大、愛知教育大、学芸大などには、天文学者がいたのです。

それから私は各大学の天文学の先生に「私はこういう研究をしたいのです」という手紙を書き、返事をいただいて、最終的には学芸大に入学することになりました。

大学で私のやりたかったことは、彗星《すいせい》の研究でした。一九八六年にハレー彗星が回帰して話題になりましたが、私は当時はじまったばかりの赤外線天文学の手法で彗星の成分を調べようとしていました。

ところが、そうこうしているうちに大きな転機が訪《おとず》れました。

私は大学院で彗星の研究をする学費を稼《かせ》ぐために入学前に一生懸命《けんめい》アルバイトをしていたのですが、そんなとき、お世話になっていた当時の東京天文台の先生から連絡《れんらく》があり、その方の強引《ごういん》な勧《すす》めで、高校の教員になることになってしまったのです。

私は泣く泣く、大学院を諦《あきら》めてその高校に就職したのですが、やはり数年すると、だんだんと気持ちがめげてくるようになりました。

「教員といっても、教える力が十分にあるとは思えない。私はこのままでいいのだろうか」そう思った私は、大学院に行って勉強しようと決心しました。

勤務していた高校の理事長にお願いして定時制の教員にしてもらい、夜は高校で教えながら昼間は大学院に行って彗星の研究をして、論文を書くという生活を送ることにしました。そうこうするうちに、その学校に私を引っぱってくださった恩師がちょっとしたいきちがいで怒《おこ》って、私を「破門（師と弟子《でし》の関係を断ち切ること）」にしたのです。

私はその先生のつてでその学校に入ったのですから、破門になってはそこで教員を続けるわけにはいきません。ところが捨てる神あれば拾う神ありで、たまたま東京大学教育学部附属中・高等学校（現在の中等教育学校）で教員の募集《ぼしゅう》があることを教えてくれた人がいて、応募したら運よく入ることができたのです。

それまでは隔週《かくしゅう》ごとに北軽井沢にある天文台で観測をして研究をしながら、教員をしていましたが、新しく入った学校は、まったく天文学と関係がないところでした。しかし、天文部を新設したりして生徒と気楽に宇宙を楽しんでいました。五年ほどして国立天文台の職員の公募があることを知りました。

すばる望遠鏡ができることをきっかけに「天文学を世の中に伝えられる人を雇《やと》おう」ということで公募が出たわけですが、それまでは天文学者は、主に東大か京大出身者しかなかなかなれなかったこともあって、学校の先生、アマチュア天文家、プラネタリウムの職員、科学館の職員など、非常にたくさんの応募があったそうです。

その中で私が採用されたわけですが、私は最初、どうやっても無理だと思って、受けないつもりでした。しかし妻が「絶対に受けるべきだ」と言うので、受けることにしたのです。「人生は、チャレンジ」それが家内の考え方です。

国立天文台で仕事をする以前、私立学校の教員から国立学校の教員になったときでさえ、年収は百万円近く下がっていました。

さらに天文台の助手というと、そこからまた年収が五十万円ほど下がるのです。

好きな研究ができる私はいいけれど、家計を預かる妻にしてみたら大変なことです。

当時は子どももできたし、「給料の安いほうに行くなんて」と思っていたのですが、「あなたは子どもの頃の夢を諦めるべきではない」と言ってくれた妻には本当に感謝しています。


――これまでの研究者生活の中で苦しかったこと、楽しかったことを教えてください。


縣　私はこれまで何回も「もう、これまでか」という経験をしてきました。大学を辞めたときもそうでしたし、大学院での研究を諦め、高校の教員になったときもそうです。

しかし今では「星や宇宙など、非常に大きなスケールで見てみると、受験の失敗だとか失恋《しつれん》だとか、細かいことはどうでもよくなる。そういう日常の細かなあれこれで、自分の考え方や生き方を縮こまらせてしまうのは、つまらない」と思うのです。

そう思うのは私だけではありません。

私は「サイエンスカフェ（科学の専門家と一般の人が、カフェなどでコーヒーを飲みながら、科学について気軽に語り合う場）」を開いているのですが、中には、たまたまサイエンスカフェに参加したことで自殺を思いとどまった人もいるのです。

その人は駅で身を投げようと思い、最後だから、とカフェの店長さんに電話をかけました。すると店長さんが「今日はおもしろい話が聞けるから」と言うのでカフェに来て、宇宙論や宇宙の果ての話を聞いて、死ぬのを思いとどまったのです。

その方も、宇宙という大きな存在の前では、人間の悩みなど小さなものだと思ったのではないでしょうか。その方は、サイエンスカフェの最終回にまたいらして、「今は元気で働いています」と言っていました。そういうことは本当にあるのです。

私がなぜ、天文学や宇宙のことをいろいろな人に伝えないといけないと思っているのかというと、ひとつは定時制高校の教員をしていた四年間の経験があるからです。

当時の定時制高校の生徒たちは、学力が不十分な生徒が三分の一、親や先生など対人関係に問題のある生徒が三分の一、あと三分の一は不登校でした。当時の日本は卒業式の日に学校のガラスが全部割られていたような時代です。

そんな状態で授業が成り立つのかというと、それはさまざまな工夫が必要でした。授業がうまくいくときのひとつが宇宙の話をするときでした。彼らと学校の屋上で星を見ながら語り合いました。

彼らは本質的におもしろい話や本質的な話には食いついてきます。その学校では休み時間になると職員室の前に長蛇《ちょうだ》の列ができていました。みんな、先生と話をしたくて待っているのです。親に愛されていないとか、自分は人とのつきあい方が下手だとか、また友人とトラブルをかかえているとか、私も教頭も一生懸命彼らの話を聞いている。彼らは、生き方が下手なだけなのです。それで、人から認めてもらいたいと思っているのです。

宇宙の話は現実の生活からもっとも遠いもので、根本的な問題の解決にはならないかもしれません。でも、私が子どもの頃、アポロ宇宙船に憧《あこが》れて夢を描《えが》いたように、彼らにも夢や希望を持ってほしいと思っていたのです。

教員はいい仕事ですが、定年まで勤めたとしても、出会える生徒の数は六千人ほどです。私はより多くの人たちに「宇宙のことを知れば、長い時間スケールや広い視野を持った生き方をすることができるし、遠く離《はな》れた人たちとコミュニケーションを取るためのツールにもなる」ということを発信するために教員を辞め、現在の仕事をしているのです。

これまでの仕事の中で達成感を持ったときといえば、今まで十七年間、国立天文台にいますが、まだ自分の思っていたことは三割も達成できていないですね。

もちろん、国立天文台に入れたときは、自分の人生でいちばん嬉《うれ》しかったことですが、天文台に入ってからいちばん嬉しかったことはあるかな？　難しい質問です。

——天文学者を目指す子どもたちに、アドバイスをお願いします。

縣　私が思っているのは、天文学はコミュニケーションツールだということです。

勉強する気が全然ない、先生と目が合ったら、飛びかかってくるような生徒たちでも、屋上に行って一緒《いっしょ》に星を見て人生を語ると、それまでは口もきいてくれなかったのに、

「先生、俺、実は……」と心を開いてくれました。また夏休みにペルセウス座流星群を見に生徒たちと山に登って、寝袋《ねぶくろ》に入って空を見ていると、私も生徒も、不思議と素直《すなお》な気持ちになれたものです。

天文学は約五千年も前から、算術幾何《きか》（数学）、音楽などとともに誕生し、発展してきたことが知られています。おそらく最初は、農耕民族が季節を知るカレンダーとしての実学として天文学が必要だったのだと考えられます。また、星を見ると方位がわかりますから、狩猟《しゆりよう》民族にも必要とされたのでしょう。

それに天文学が算術幾何、音楽とともに発達したことをみると、天文学は、たとえば古代人が商売のためにいつ、どこで会うということを決めるのに必要だったでしょう。このように天文学は、コミュニケーションに必要だったと考えられるのです。

天文学がコミュニケーションツールだとしたら、今現在、生きている私たちのコミュニケーションツールにならないはずがない。みんなが音楽を好きなように、天文を好きになってほしいと願っています。

私は、研究者としてではなく、もともとの星好きの少年として、星を見るときがあります。そのとき私は、常に自分の過去と対話をしています。と同時に、自分の将来のことを考えています。星を見ると、この広い宇宙空間の中で、自分のことを考え、自分が今何をしているのかを考えられるのです。

月を見たり星を見たりして、遠い故郷や遠く離れた大事な人を思う、そういう時間を大事にすべきだと思います。忙《いそが》しいときに、自分を内省して自分の立ち位置や、自分のこれからや過去をつないでいくうえで大事なことです。

今、天文・宇宙に興味があって研究者になりたいのだとしたら、プロになるならないにこだわるのではなく、ずっと天文・宇宙とつきあっていってほしい。自分の中にある基本的なものとして、天文・宇宙があると知っていてほしいですね。

――現在十四歳の読者が大人になる頃には、天文学や科学はどのような時代を迎《むか》えているのでしょうか？

縣　科学の世界では、近い将来、ふたつのパラダイムシフト*が起こると予想されていま

＊　**パラダイムシフト**｜かつての産業革命や近年のIT革命と同じような、あるいはそれを超えるような革命的な人間の生き方の変化のこと。

す。

ひとつ目は、ＡＩ（人工知能）に関することです。二〇四五年にはコンピュータの能力が人類を超《こ》えるという予測があり「二〇四五年問題」と呼ばれています。

現在でもチェスや将棋《しょうぎ》で、人間はコンピュータに勝てなくなっていますが、では近い将来、人工知能が心や情緒《じょうちょ》を身につけたらどうなるでしょうか。もちろん彼らのほうが人間より能力が上に決まっていますから、人間が機械に使われる時代が来るかもしれません。その一方で、介護《かいご》、医療《いりょう》などの分野へのロボットの参入や、クルマの自動運転の普及で交通事故が激減するなど、私たちの生活が今よりよくなる可能性もあります。ＡＩが人間を超えたとき、人間として生きる目的はなんなのか？　ということを問われる時代になると思います。

ふたつ目は、天文学にかかわることですが、地球外生命体の発見です。

地球外「知的」生命体の発見は、宇宙そのものが永遠ではないという事実と同じくらい、大事なことだと思います。

宇宙の生命体を扱《あつか》う学問を「宇宙生命学」といいますが、地球以外の天体で生命体が発見されるまで、あと百年はかからないだろうと言われています。

太陽系の外にある惑星《わくせい》を「系外惑星」といいます。系外惑星が最初に発見されたのは一九九五年のことで、現在では候補を含めて三千個以上の系外惑星があることがわかっています。

夜空で輝《かがや》いている星は、太陽のように核融合《かくゆうごう》反応で輝いている「恒星《こうせい》」ですから、生命体が生存することはできません。しかし恒星のまわりに惑星や衛星があれば、その惑星や条件によっては生命体がいる可能性があります。

日本では二〇一二年、東京工業大学に「地球生命研究所（ＥＬＳＩ）」が設立され、国立天文台が属する「自然科学研究機構（ＮＩＮＳ）」でも、二〇一五年に「アストロバイオロジーセンター」という研究所が創設されています。

系外惑星の多くは、木星や土星のような巨大《きょだい》なガス惑星ですが、中には地球のような固い地面を持ち、恒星からの距離《きょり》がちょうどよく、表面に液体の水が存在する可能性のある惑星がいくつも見つかっています。

天文学の原理のひとつである「宇宙原理」によれば、「宇宙の構造は大きなスケールで見ればどこも一様で、私たちの近くの宇宙と同じである」ということになっています。だとすれば、宇宙のあちこちに生命がいてもおかしくありません。

今のところ、地球からいちばん近いところにある地球型の惑星は「ケンタウルス座α星Cb（プロキシマ星の惑星）」で、距離は約四・二二光年です。この惑星にもし仮に知的生命体がいたとしたら、光や電波の信号なら、片道四年ちょっとで届くことになります。その星の知的生命体が同じ手段で連絡してきたら、往復八年ちょっとでやりとりができるわけです。

もし宇宙の中に文明や文化を持っている星があったとしても、これまでは、私たちの技術や能力が足りなかったので、コミュニケーションが取れなかったのだと考えられます。天文学の歴史は約五千年だとしても、ガリレオ・ガリレイが望遠鏡で宇宙を観測してから四百年、人類が電波を使うようになってから約百年、人工衛星を打ち上げられるようになってから、まだ約六十年しか経《た》っていません。

つまり我々は宇宙の新参者、小学一年生くらいのレベルです。より進んだ文明を持った星と交信できれば、原発問題や資源の枯渇《こかつ》の問題など、人類が直面しているさまざまな問題の解決法についてやりとりができるかもしれません。

地球外知的生命体を見つけるときに、最初に必要なのは天文学です。二番目は算術幾何、三番目は音楽です。なぜ音楽が必要なのかというと、最初はもちろん宇宙人とは言葉が通じません。しかし耳で音楽を聴《き》いている生物なら、聴いている音楽で相手の気持ちがわかると思うのです。つまり音楽で相手が私たちを歓迎《かんげい》しているのか、あるいは戦《せん》闘《とう》しようというのか、すぐわかると思います。

このように、これから宇宙の研究をするには、天文学や物理学だけでなく、生物学、化学など、さまざまな分野の研究が必要とされています。

mission

生まれたばかりの宇宙を見たい

宇宙の年齢《ねんれい》は一三八億年だと考えられています。

宇宙では、遠くを見ることは過去を見ることなので、遠い宇宙を観測すれば、生まれたばかりの宇宙の姿を知ることができます。

二〇〇五年、天文学者の大内正己《おおうちまさみ》さんがハワイ・マウナケア山頂にある「すばる望遠鏡」で発見したのは、今から一二八億年前、宇宙が誕生して一〇億年後の若い銀河団でした。現在の銀河団は、数百個から千個くらいの銀河が集まった集団ですが、宇宙初期の銀河がどのように、現在のような大きな構造を持つ銀河団へと成長していったのかは、よくわかっていません。

大内さんが発見した若い銀河団は、現在の銀河団とくらべると、構成する銀河の数が少なく、質量がずっと小さいのが特徴《とくちょう》です。そのため、生まれたばかりの銀河団が、今見られるような巨大《きょだい》な銀河団に成長する、最初の姿だと考えられています。

二〇〇九年に大内さんが発見した「ヒミコ」は、宇宙が誕生してまもない約八億年後の宇宙にあり、とても明るく非常に大きな天体です。生まれたばかりの宇宙に、こんなに巨大な天体があることがわかったのは初めてのことでした。

その後のハッブル宇宙望遠鏡や南米チリにあるアルマ望遠鏡の観測によって、ヒミコは一直線に並んだ三つの星の集団を、巨大な水素ガス雲が包み込《こ》んでいる構造をしており、激しく星が誕生しているために明るく輝《かがや》いているということがわかっています。

どちらも、宇宙の進化の謎《なぞ》を解き明かす、重要な発見となっています。

PROFILE

大内正己（おおうち・まさみ）

東京大学宇宙線研究所　准《じゅん》教授

1976年東京都生まれ。2003年、東京大学大学院理学系研究科天文学専攻博士課程修了《しゅうりょう》。2004年、アメリカ合衆国宇宙望遠鏡科学研究所 ハッブルフェロー。2007年、アメリカ合衆国カーネギー研究所　カーネギーフェロー。2010年から現職。

宇宙の本を初めて読んだとき、涙《なみだ》が出るほど感激した

――現在の仕事について教えてください。

大内　私は、宇宙を観測する天文学者です。

具体的には、ハワイ島にある「すばる望遠鏡」、地球の軌道《きどう》上にある「ハッブル宇宙望遠鏡」、さらにチリに比較《ひかく》的最近できた電波望遠鏡の「アルマ」など、最新鋭《さいしんえい》で、かつとても感度がいい望遠鏡を空に向け続けて遠くの宇宙まで観測することです。

宇宙で遠くを見るということは、光が進むスピードには限りがあるので、宇宙の過去を見るということでもあります。宇宙の年齢は一三八億年と考えられていますが、現在からさかのぼること一三四億年くらい前の宇宙まで観測できています。まだ観測できていないのは残りの四億年だけです。四億年というと今の宇宙年齢のほんの三パーセントですので、あと一息で宇宙の歴史のほとんどを観測できそうだとも言えます。しかし、

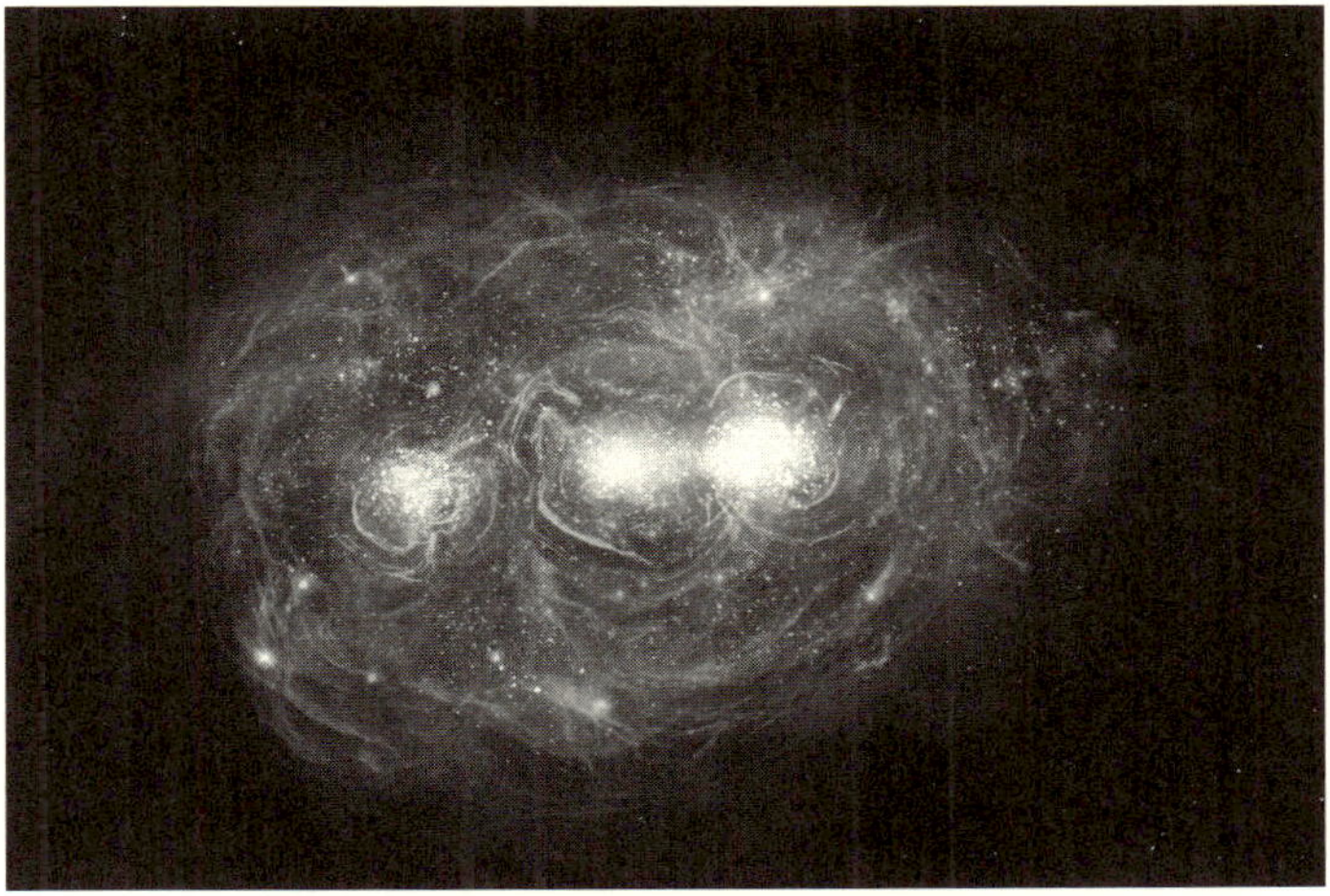

宇宙が誕生して8億年後に生まれた天体「ヒミコ」の想像図。（提供　国立天文台）

この残りの四億年の観測は気が遠くなるくらい難しいです。

実際の観測研究では、比較的近い宇宙、そこそこ遠い宇宙、非常に遠い宇宙と、順を追って見ることで宇宙の歴史をたどることができるので、宇宙の進化、つまり宇宙が誕生してからどのようにして現在の姿になっていったのかを調べています。

——普段《ふだん》はどのような仕事をしているのですか？

大内　これまではひとりでデータ解析《かいせき》や

計算、観測などをしていることが多かったのですが、この頃《ごろ》はグループで研究方針や問題を議論して、研究プロジェクトを主導することに時間を使っています。これによって、書き物をしている時間が多くなりました。何を書いているのかというと、研究をまとめた論文をはじめ、申請書《しんせいしょ》などがあります。申請書というのは、研究の予算や望遠鏡を使うためのものなどがあります。望遠鏡を使おうと思ったら英語で申請書を書かなくてはなりません。加えて大学の講義もしなくてはいけませんし、学生が書いた論文の手直しもします。それに大学に提出する評価書などの提出書類を日本語と英語で書く……最近は、そういった内容の仕事が多くなっています。ただ、毎日インターネット上で発表される六〇編近くの最新論文のチェックは十数年の間、欠かさずに行っています。

——宇宙そのものに興味を持ったのは、何歳《さい》くらいのことでしょうか？

大内　小学校一年生のとき、クラスに学級文庫があって、小さな本棚《ほんだな》に本がずらっと並んでいました。その中で一冊、すごく人気の本があったのです。私も普段あまり本を読まない子どもでしたが、クラスのみんなが「あの本おもしろいよ！」と言うし、友達《ともだち》にも勧《すす》められたので読んでみました。

その本というのは、宇宙に関する絵本でした。生まれたばかりの地球が、どのように現在のような惑星《わくせい》になったのかが書かれていたのです。なんという題名の本だったのかはもう覚えていませんが、その本を初めて家で読んだとき、激しく胸を打たれました。

……はるか昔の約四六億年前、できたばかりの地球にはごつごつした岩石しかなかった。その漆黒《しっこく》の闇《やみ》に覆《おお》われた地球に隕石《いんせき》が衝突《しょうとつ》して、やがて海ができ生命が誕生して、今あるような緑豊かな地球に変わり、現在の自分がいる。それが地球という、ものすごく大きなスケールで起こってきた……。

絵本を読み終えたときに気が遠くなるような感覚を覚え、涙が出てきました。母親が近くにいたので、恥《は》ずかしくなってベランダに飛びだしたのを覚えています。

ベランダに出ると、そのときは五月くらいだったのですが、非常に新緑が美しく、「あんな岩石だらけで隕石が衝突していた地球が、今ではこんなに緑や生命にあふれた世界になっている。どうしてこんなにも違《ちが》うのだろう」という気持ちが込み上げてきて、涙が止まりませんでした。
　今思うと、そのとき私が感動したのは、地球という巨大なものが、四六億年という非常に長い時間をかけて現在のように変化してきた……巨大なものと長い時間という非常に大きなスケールを持つものに共鳴したのではないかと思います。

何より嫌《きら》いだった英語と国語を克服《こくふく》するため、猛《もう》勉強を開始

——天文学の道に進もうと思ったのはいつ頃ですか？

大内　私が天文の研究者になろうと思ったのは、中学二年生のときです。
　中学二年生のときに図書委員だったのですが、お昼休みに本の貸し出しをするため、週に一、二度、お弁当を図書準備室で食べていました。図書準備室には『Ｎｅｗｔｏｎ』などの科学雑誌があって、お弁当を食べながらページをめくっていると「ＣｆＡサーベイ」と呼ばれる、ハーバード・スミソニアン天体物理学センターの赤方偏移《へんい》探査をもと

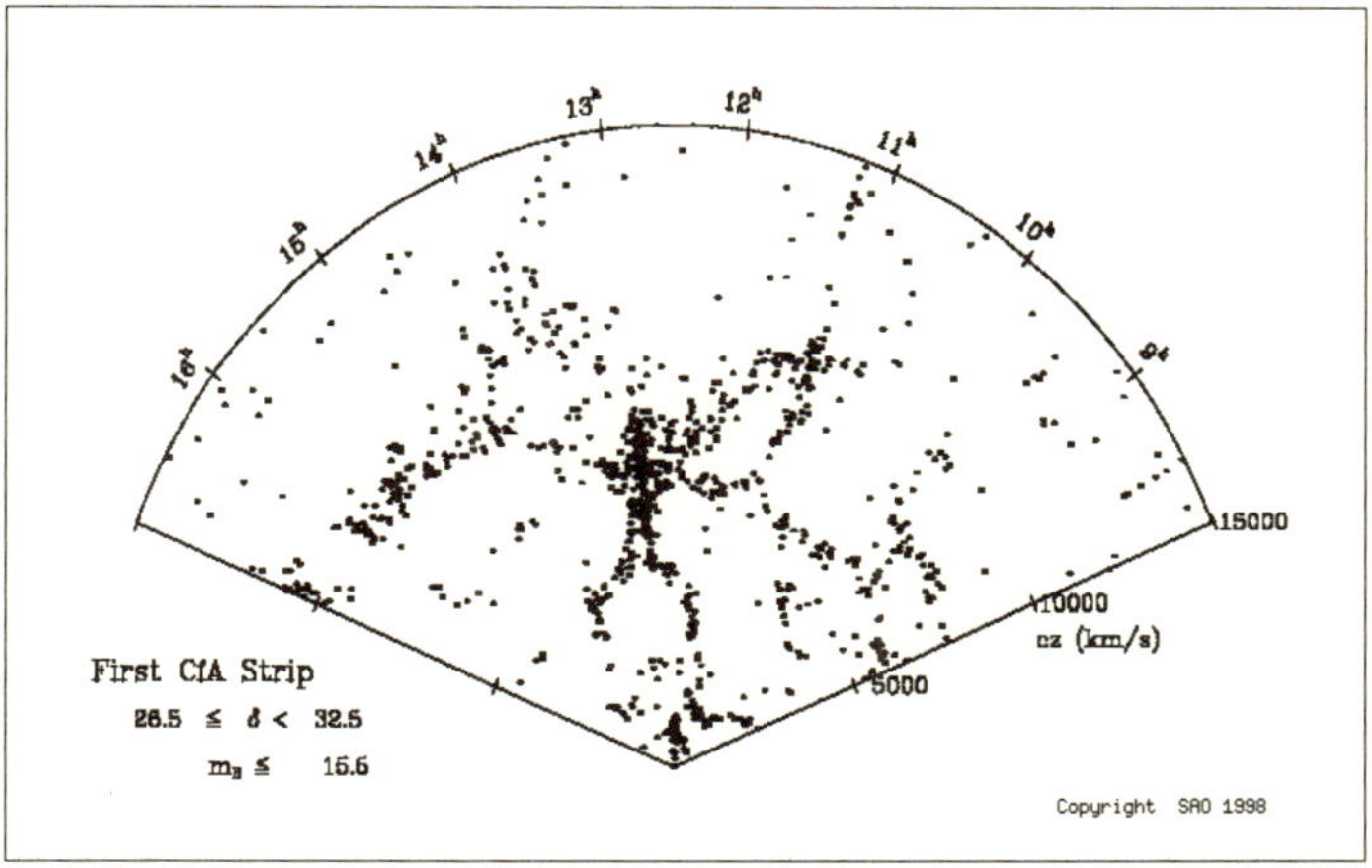

ハーバード・スミソニアン天体物理学センターの赤方偏移探査をもとにした宇宙の三次元地図。

にした宇宙の三次元地図が載《の》っていたのです。

その地図を見ると、数億光年くらいの規模で銀河が多いところとほとんどないところがありました。これは泡《あわ》構造と呼ばれたりするのですが、銀河が多く集まる部分を目で追うと細胞《さいぼう》みたいな形をしている。私たちが住んでいる銀河は一〇万光年の大きさがあって、地球や太陽系とはくらべものにならないくらい巨大なのですが、銀河の一千倍以上の規模の地図ですので、その巨大な銀河が点にしか見えないスケールで描《えが》かれていました。「こんなデカイものがあるんだ、すごいな」と思いながら科学雑誌を眺《なが》めていました。

また、私の兄も理系なので、ビッグバンや太陽が何でできているか、などいろいろなことを教えてくれたことも刺激《しげき》になりました。そういうこともあって、「宇宙はおもしろいな」とあらためて感じるようになり、「宇宙の研究者になりたい」と思ったのです。

――それで天体望遠鏡を手に入れて、星空の観測をした……？

大内　いや、そういったことはまったくしませんでした。むしろ、夜空の星を眺めるというのはかなり嫌いでした。

それにはトラウマがありまして、小学校五年生か六年生の頃、学校の理科の時間に星座早見盤《はやみばん》が手渡《てわた》されて、「星座早見盤を使って、夜空を観察してください」という宿題が出たのです。友達と一緒《いっしょ》に、「夜中に星を見に行こうぜ」と言って近所の高台に集まって、星座早見盤と夜空の星を見くらべたのですが、オリオン座くらいはわかるものの、それ以外はさっぱりわからない。早見盤には他に明るい星があるのですが、それに対応する星がどうしても見つからない。もちろん周囲には街灯などがあるので、本当に明るい星しか見えなかったのですが、実際に見ている空と星座早見盤があまりにも違いすぎて、いやになってしまったのです。

――天文の研究者になるために、どんな勉強をしましたか？

大内　私は中学生や高校生のときは数学とか物理とか、理系の教科が大好きでした。しかし、英語と国語がまったく駄目《だめ》でした。このままではまずいと思い、勉強時間を増やしてはみたものの、成績は全然よくならないのです。努力しても報《むく》われないので、しまいには世の中から国語と英語がなくなればいいと思ったほどでした（笑）。

やっと大学に入って、大学院に進んで自分の研究ができるようになると、たしかに計算やデータ解析ができて楽しかったです。しかし、大学院を卒業するようになってから、書きものが増えてきたのです。

最初に言った申請書や論文も英語で書かないといけないし、コミュニケーションも英語と日本語でしなくてはなりません。ふと、ここ一カ月何をしたかな、と考えてみると科学雑誌の原稿《げんこう》や論文の執筆《しっぴつ》、講演など、全部英語と日本語を使うことしかしていない、と気づいてかなりショックを受けたこともあります。

国語と英語から逃《のが》れたい、離《はな》れたいと思ってこの職業に就《つ》いたつもりだったのですが、気づくと、そこに落ち着いている。それを思うと、一瞬《いっしゅん》がっかりしてしまいます。でも考えてみると、科学でも、筋道だったロジックがないと、研究は成り立ちません。大嫌いでひと言もしゃべれなかったような英語でしたが、今では海外の研究者と頻繁《ひんぱん》にメールをやりとりして、普通にお酒を飲みながら談笑している……。

嫌いだった英語や日本語を使って読み、書き、話したりすることによって、いろいろな意味で私は、科学的にも文化的にも、人間としていろいろな世の中の楽しさを知ることができたのだな、と今では思います。

――苦手な英語をどのようにして克服したのでしょうか？

大内　大学生になると、絶対に宇宙の研究者になってやると、かなり強い意志を持って計画的にいろいろなことをしていました。

しかし、研究者になるのは簡単なことではありません。どんな分野でも研究だけで生活していくというのは、非常に大変なことなのです。

高校生の頃から、研究者になるには英語が必要だ、ということを聞いていたのでなんとかしたいという気持ちがありました。大学に入学してからは、受験でやっていたこととは違うやり方で英語の勉強をはじめました。

英語教室などに通うお金もなかったので、まずＮＨＫのラジオ講座を毎日欠かさず聴《き》きました。本屋でテキストを買ってきて、一日一ページくらいの英文があるのですが、それを毎日、全部覚えました。小さいテキストの一ページですのでそんなに大した量ではないのですが、勉強した英文がそらで言えるようになると、慣用句などが身に染《し》みて入ってくるし、ラジオでも聴いているわけですから、外国に行っても英語が使えるようになるのです。

それからは少しずつ、私のひどかった英語力がだんだん伸《の》びてきたような気がします。

とはいえ、海外に留学するときにはＴＯＥＦＬ（英語を母語としない人を対象に実施《じっし》されている英語能力測定試験）も受けなくてはなりません。これが非常に難しくて、ラジオ英会話で勉強した英語くらいでは歯がたちません。ＴＯＥＦＬの問題集やいろいろな英語教材も組み合わせてやって、何回も泣きながらＴＯＥＦＬを受けていくと、少しずつでしたが点数が上がっていって、ぎりぎり留学させてもらえるくらいの点数に到達《とうたつ》したわけです。

重要なのは、自分が本当に力を発揮《はっき》できる職業に就くこと

――研究職を目指すならば、なるべく早い時期からひとつひとつステップを積み上げていったほうがよいですか？

大内　早く勉強をはじめられれば、それに越《こ》したことはないでしょう。しかし、私の場合、中学高校の頃は、いくら宇宙の研究者になりたいといっても、部活動などが忙《いそが》しか

です。

ったです。本当に中学校二年生から効率よく勉強していたかというと、そうではないのです。私のまわりでも、中学高校からバリバリと勉強している子もいましたから。

もちろん、研究者を目指す準備は早くてもいいけれど、早くなくてもいくらでも挽回《ばんかい》はできると、私は思います。最悪、大学院に入ってからでも十分挽回できるような気がします。とくに私のやっているような研究は、もちろん基礎《きそ》学力、物理学や数学は必要ですが、だいたい受験をする中で、基本となる知識はつくのです。

本当に研究者に必要な能力は、大学院一年生からでも身につけられると思います。

よく「どうしたら天文学の研究者になれるのですか」と若い学生に質問されますが、私は「天文学の道は厳しいし、なったら楽しいことはたくさんあるけれど、人生は天文学以外にも楽しいことはたくさんある。いちばん重要なのは、自分が打ち込めて、本当に力を発揮できる職業に就くことではないか」と答えています。

――これまでの中で、いちばん大変だったことはなんでしょうか？

大内　大学時代に「自分はこのままだと研究者になれないんじゃないか」と思ったことですね。まわりにはできる学生がたくさんいるわけです。数学の講義でさまざまな公式の導き方を習ったあとに「あの公式、自分は高校のときに何も見ないで導き出していたんだけどね」などと言っている友達もいました。そういうのを見ていて「こりゃかなわん」と思ってしまったわけです。

研究者になれるのは、数多《あまた》いる学生の中でもほんの少しの人だけなのに、そんな優秀《ゆうしゅう》な学生が世の中にはごろごろいる。「これじゃ研究者になるのは駄目だな」と思った時期がありました。

――そのように大変な時期をどうやって乗り越えたのですか?

大内　もしかしたら、自分も頑張《がんば》ればなんとかなるかもしれないと思って、ひたすら勉強しまくりました。いちばん大変だったときは、一日十八時間机に向かっていましたね。

夏休み中部屋にこもって、さすがに十八時間ずっと集中することは無理なので、睡眠《すいみん》を二時間半・二時間半くらいに分けて、ご飯を食べるときも、物理の本を読みながらでした。あのときはもう、死ぬかと思いました。

その頃は、もちろん英語も勉強するし、物理も数学も勉強するし、とにかく研究者として必要になるようなものは、すべて勉強しました。とにかくできることはすべてやったつもりです。

机の上には消しゴムのカスが山のように積もっていて、夏休みが終わったあとに友達が家に来たとき「これ何？」と不思議がっていました（笑）。

大学生のときに、研究者に必要なありとあらゆることをやりまくって、ゴールを見定めて、少しでも自分の夢に近づこうとしました。

その結果、大学院に入ったときに、大学の四年間遊んでいた学生と、私のように夏休み中部屋にこもってずっと勉強をしていた学生とは、明らかにエネルギーが違うことに気づきました。

さっきの「ある職業に向いていないことがわかったら、他の選択肢《せんたくし》もある」という話にも通じるのですが、「一回見定めた夢をとことんやってみて、駄目だったら、そこで諦《あきら》めよう。たとえ諦めることになったとしてもその努力がまったく無駄になることはないだろう」、私が大学生のときに考えたのは、まさにこのことなのです。
自分は宇宙の研究者になりたいとずっと思っていたのだから、一回きりの人生でそれにトライしてみない手はない、今を逃したらチャンスはないので、とにかく無駄かもしれないけれど、やれることをやろう、自分の夢に一ミリでも近づこうと思っていましたね。

テレビを見たら、私の発表したものが大きく報道されている！

——逆に、このときは最高だったというのはいつですか？

大内　最高だと感じたのは、大学院を卒業するときに「ハッブルフェロー」というアメリカの研究職を取ったときです。

ハッブルフェローは、若手研究者の最高峰《さいこうほう》の職です。世界の、宇宙論を含《ふく》めた、宇宙関係の研究職のトップで、それになれたのですね。日本人では初めてのことでした。

その通知をもらったときは、自分がどん底から這《は》い上がって、大学院生になってからも研究室に泊《と》まり込んで研究していたので、そこまでやってきたことが世界に認められたのかと、感慨《かんがい》深いものがありました。

――その努力が、一二八億年前の初期宇宙の銀河団の発見（二〇〇五年）や、一三〇億年前の謎の巨大天体「ヒミコ」の発見（二〇〇九年）につながるわけですね。

大内　一二八億年前の宇宙初期にある銀河団を発見した頃、私はハッブルフェローの職に就いていてアメリカに住んでいました。

宇宙初期の銀河団の発見は、日本のすばる望遠鏡で観測した結果なので、私は一時帰国して、二〇〇五年二月に日本の国立天文台で記者発表をしました。記者発表の次の日に報道解禁になったのですが、その日の朝六時半頃、ホテルで民放のテレビを見ていたら、私が発表した画像がでかでかと取り上げられて、解説されているではありませんか。自分の発表が、こんなに人の目に触《ふ》れることになるとは驚《おどろ》きでした。その後にアメリカに戻《もど》るために空港に向かうところで、JR武蔵境《むさしさかい》駅のコンビニに立ち寄ったら、私がつくった画像が新聞の一面に載っているのです。こうなると、嬉《うれ》しいというより恐《おそ》ろしくなりましたね。

仮に私の発表が間違っていた場合、ウソをついているつもりはないけれど、まったく取り返しがつかないことになってしまいます。論文にせよ記者発表にせよ、人に何かを発表するというのは、本当に怖《こわ》い。もしそれが間違っていれば、それからは誰《だれ》にも信じてもらえなくなるでしょう。

二〇〇九年の「ヒミコ」発見のときも大きな注目を浴びましたが、世の中怖いなと思いながら、恐る恐る発表していたという部分はありますね。

——でもそれは、研究者としての醍醐味《だいごみ》でもありますね。

大内　私は運がよかったのだと思います。私がちょうど大学院生くらいのときに、すばる望遠鏡が完成し、運用がスタートしました。すばる望遠鏡で少し工夫した観測をすると、すぐに新しい発見につながる時代でしたので、マスコミに取り上げてもらうことも多かったのです。

先ほど「マスコミは怖い」と言いましたが、マスコミを通じていろいろな日本人、外国人とコミュニケーションができました。この職業の醍醐味と言っていいでしょう。

このような経験も含めて、私の世界観が広がり、今に至っているわけです。そういう意味で、天文学研究が私にいろいろなことを教えてくれたのだと思います。

大切なのは「駄目かもしれないけれど、やってみること」

――これから期待されている天文学の発見には、どんなものがありますか？

大内　みなさんにとって、すごく身近な例ですと、「地球外生命の発見」です。

今のところ、火星も含めて地球以外で生命体は見つかっていません。

今から二十〜三十年前には、太陽系の外に惑星があることすらはっきりとはわかっていませんでした。しかし、一九九〇年代半ばから、太陽系以外の恒星《こうせい》にもそのまわりを回る惑星があることがわかってきました。

最初は木星のような巨大なガスでできた惑星しか観測できなかったのですが、最近では観測技術の発展によって、地球くらいの大きさの岩石でできた惑星が多数見つかっています。もちろん地球に似た惑星でも、地球のように生命が存在するには、いろいろな条件が必要です。恒星に近いと、水があっても蒸発してしまいますし、遠いと水は凍《こお》ってしまいます。こうなると生命が生きられる状態ではないです。

水が液体の状態で存在できるような、恒星からちょうどいい距離《きょり》の領域「ハビタブルゾーン」に惑星がないと、生命は存在できません。

でも、最近では「ハビタブルゾーン」にある地球サイズの惑星も見つかってきています。そういう惑星に生命がいてもおかしくありません。

望遠鏡で他の惑星にいる生き物を直接見ることはできませんが、いわゆる「バイオマーカー」[*]と呼ばれる、その星に生命がいる証拠《しょうこ》を見つけられれば、地球外生命の発見につながります。

おそらく、私たちが生きている間に、地球外生命の痕跡《こんせき》を見つけたというニュースが発表される可能性は高いと思います。

それは、我々人類にとっては、大きなパラダイムシフト（それまで当然のことと思われていたことが劇的に変化すること）です。私たちは、宇宙の中でひとりぼっちではない、地球のような惑星は宇宙にひとつだけではないことになります。これは、天文学にとどまらず、人間や動物といった生物というものの考え方、哲学《てつがく》の大きな転換《てんかん》点となる可能性があります。

——研究者にとって大切なものとは、なんでしょうか？

大内　科学研究で大切なのは「疑うこと」です。

日本の文化では、人を疑ったりするのは非常に失礼なことなので、してはいけないと

＊　**バイオマーカー**｜生物活動によって作られた物質のこと。たとえば、ある惑星に地球のようなオゾン層が見つかった場合、この惑星には光合成を行う植物が存在していて、酸素を作りだしているのではないかと考えられる。

考えることが多いですが、研究の世界では「これが証拠だ」と提出されたものでも、間違っていたり、ウソだったりすることがあるのです。

それをちゃんとチェックしないと、ある意味「妄想《もうそう》」の世界に入ってしまいます。たとえば、「初めて地球外生命の痕跡を見つけた」、とある研究者が発表したとき、まず疑うというのは非常に健全な科学者のスタイルなのです。

それからデータを解析しなおしたり、新しい観測をして検証すると、間違いだったと判明することがあります。このような検証をあらゆる視点でやってみて、それでもなお間違いが見つからなかったものが「真実」になるのです。実際には、検証を通じて間違いが見つかってしまうものの数のほうが多いです。

解析や検証を重ねることで、間違った、さらにはウソの情報は、科学の世界では淘汰《とうた》されて消えていきます。そういう健全なプロセスがあるからこそ、科学は強いのです。常識を常識だと思わずに、こういう可能性もあるのではないか、と疑ってみることが重要です。

――最後に、天文の仕事を目指す子どもたちにアドバイスをお願いします。

大内　天文学の研究はおもしろいです。とくに私たちがやっている「観測研究」は、「こうだろう」と思って研究しはじめたことが実は違っていたりとか、見つけるつもりがなかったものを見つけてしまったりとか、サプライズに満ちていて、自然が私たちに教えてくれる側面があります。そういうところがおもしろいのです。

もちろん思うような結果が出ないこともあります。思ったとおりにならないというのは、つらいのですが、非常にエキサイティングなことでもあるのです。そういう意味で天文学は楽しいですね。

もちろん、私たち天文学者は、天文の研究だけをしているのかというと、そうではありません。

先ほどお話ししたように、いろいろな世界の人とかかわらなくてはならないし、そのためには英語や日本語などコミュニケーションの方法を使って、文章を読んだり書いたりしなくてはなりません。それでも天文学の研究をしていると、いろいろな経験ができるので楽しいと思います。

その一方で、私は努力によってここまで来ることができた、と思っているのですが、努力したからといって、誰もが希望の職業に就けるわけではないと思っています。

たとえば、私は高校生のとき、それまで音楽の経験がないにもかかわらず、コーラス部に入っていたのですが、やはり子どものころから音楽をしていた人や音楽のセンスのある人にはどんなに努力をしても敵《かな》いませんでした。そのときに感じたのは、努力しても駄目なものは駄目なんだということでした。

私は、「努力すれば必ずうまくいく」とは言いません。でも、「駄目かもしれないけれど、全力でやってみることが重要だ」と言いたいです。二年三年とやっていく中で、手ごたえが摑《つか》めない、手ごたえがないようであれば、他のいろいろな道を模索《もさく》してもいいかもしれないと思います。

天文学は楽しいのだけれど、やってみて駄目だったら諦めてもいいでしょう。たぶん、世の中には自分が得意で楽しいと思える、もっといい仕事があるはずです。

職業でいちばん重要なことは、自分が必要とされていて、自分が打ち込めるものだと思います。そういうものに、早く出会えるといいと思います。

mission

宇宙の魅力《みりょく》を子どもたちに伝えたい

小惑星《しょうわくせい》というと火星と木星の間にある小惑星帯がよく知られていますが、それ以外にも地球の軌道《きどう》付近を回っていて、地球と衝突《しょうとつ》する可能性があるものもあります。

それが「地球接近小惑星（NEA）」と呼ばれ、大きさは、ごく小さなものから、直径十数キロメートルに及《およ》ぶ巨大《きょだい》なものまでさまざまです。

二〇一三年二月十五日、直径十七メートルの小惑星がロシア南部のチェリャビンスク州に落下しました。このときの衝撃《しょうげき》波によってビルの壁《かべ》や窓ガラスなどが破壊《はかい》され、割れたガラスの破片などで約千五百人が負傷するという天体衝突による自然災害が起こりました。もし直径百五十メートルの小惑星が大都市に衝突したら都市は壊滅《かいめつ》してしまいますし、直径十キロメートルクラスの衝突では、人間の文明や地球上の生物に致命《ちめい》的な被害《ひがい》を与《あた》えると考えられています。このような小惑星衝突による自然災害から地球を守るためには、地球の近くを通る小惑星を観測して軌道を常に監視《かんし》しておく必要があります。

また地球のまわりには、使い終わったロケットや人工衛星から宇宙飛行士の落とし物まで、いろいろな宇宙のゴミがたくさん飛びかっています。このようなゴミを「スペースデブリ」と呼び、人工衛星や国際宇宙ステーション、打ち上げるロケットなどに衝突しないように、監視しなければなりません。

岡山《おかやま》県美星《びせい》町にある美星スペースガードセンターは、小惑星とスペースデブリを専門的に常に観測している、日本で唯一《ゆいいつ》の施設《しせつ》です。

ここで、晴れた日には毎晩、望遠鏡で夜空を観測し、小惑星やスペースデブリなどの天体の

PROFILE

高橋典嗣（たかはし・のりつぐ）

前日本スペースガード協会理事長、明星《めいせい》大学・神奈川《かながわ》工科大学・麻布《あざぶ》大学・武蔵野《むさしの》大学非常勤講師

1958年東京都生まれ。明星大学理工学部物理学科卒。明星大学日食観測団リーダー、日本学術会議第18期天文学国際共同観測専門委員、日本学術観測団（ザンビア皆既《かいき》日食）団長、地学関連学会協議会議長、天文教育普及《ふきゅう》研究会副会長、千葉大学非常勤講師などを歴任。専門は、太陽コロナ、地球接近小惑星、スペースデブリ、理科教育など。

発見や追跡《ついせき》を行っています。

夏休みの自由研究で金賞をとったのが、最初のきっかけ

――先生が、天文に興味を持ったきっかけは？

高橋　小学校四年生の夏休みのことです。宿題をやらずに遊びほうけていたら、夏休みの終わり頃《ごろ》に、明日、月食があると知り、これを自由研究にしようと思いつきました。図書館に行ったり新聞記事を見たりして月食の時間を調べ、厚紙に小さな穴を開けてピンホールカメラを作り、月食中の月面の光を投影《とうえい》して紙に映しました。

そして時間ごとに月の形をスケッチし、それを厚紙に書き写して、形を切り抜《ぬ》いてくらべてみました。当時は月食による月の面積の変化が計算で出せないので、細かく方眼に切って、方眼の数（面積）と時間との関係や厚紙の重さと時間との関係など、経過のグラフとかを作って、なんとか間に合わせたのです。

美星スペースガードセンター全景。左のドーム内に口径1メートル、右のスライディングルーフ内に口径50センチと25センチのスペースガード望遠鏡が入っている。（写真提供：日本スペースガード協会）

――小学四年生にしては、かなり専門的な自由研究だと思いますが……。

高橋　なんとか間に合わせて宿題をすませたと思っていたら、秋になって金賞をもらってしまったのです。「一学期の成績が上がったら顕微鏡《けんびきょう》が欲しい」と母に頼《たの》んでいたのですが、成績が上がらなかったので買ってもらえなかったのです。でも、その研究で金賞をとったので母が気をよくして、「好きなものを買ってあげるよ。顕微鏡だね？」と言ってくれたのですが、私は「いや、望遠鏡！」と答えてしまいました

（笑）。

それで（レンズ直径）四センチの望遠鏡を買ってもらいました。まず星を見てみようと思ったのですが、望遠鏡を使い慣れていないので、うまく見ることができません。

まず観測しやすい月を見ることにして、ピントつまみをいじっていると初めてピントが合って、「こうやってピントを合わせて見るのか」と（笑）。

四センチの望遠鏡でもクレーターなどがはっきりと見え、月面ってすごいな、と感心して、あとはガリレオの『星界の報告』*みたいな順序で、天体観測のとりこになっていきました。

でも、両親は、子どもが夜にひとりで望遠鏡を持って外に行くのをなかなか許してくれず、小学六年生になって、やっとクラスに星好きな子がいて、ふたり以上だったらということでようやくOKをもらいました。それからは仲間を三、四人集めて、徹夜《てつや》で星を観測して、どんどんのめり込《こ》んでいきましたね。

＊ **『星界の報告』**｜イタリアの科学者ガリレオ・ガリレイが1610年に出版した本。ガリレオは望遠鏡でまず月面を、そして木星のまわりを回る4つの衛星（イオ、エウロパ、ガニメデ、カリスト）や土星の環などを観測した。

――もともと、何かを調べるということが好きだったのですか？

高橋　もともと理科は好きでしたね。小学三年生くらいのとき、「自分で調べたことを自由帳にまとめて提出しなさい」という課題があって、私は主に歴史と科学についていろいろまとめました。その自由帳の課題が好きでした。

高校生のとき、最初の天文台をつくる

――子どもが将来につながるきっかけをつかんだとき、まわりの大人のサポートは大きいと思います。両親や先生などから、何かアドバイスを受けたことは？

高橋　母親に買ってもらったのが最初の約束どおり顕微鏡だったら、私は今ごろ生物の研究者になっていたかもしれませんね（笑）。

子どもの頃手にした道具がたまたま望遠鏡にシフトしてしまったものですから、私の

出発点は、機材との出会いということになります。

小学生時代は、あまり夜間には外に出させてもらえませんでしたが、中学校に入るとガラッと変わり、先輩《せんぱい》がいる天文クラブに所属したり、プライベートでも同好会をつくったりして、自由きままに活動していました。

中学一年生のときには熱心な先生がいて、学校で一緒《いっしょ》に泊《と》まり込みで夜間観測をやらせてくれたのです。それが一週おきくらいにあって、まさに星三昧《ざんまい》な日々でした。

授業中に自分が欲しい天文台の設計図を書いて、先生に見つかって怒《おこ》られて取り上げられたりもしましたね。そうするうちに、自分で天文台をつくりたいと思うようになっていきました。

まあ、その時点ではまだ趣味《しゅみ》ですが、しだいにどんどんエスカレートしていって、高校受験を控《ひか》える時期に、行きたかった進学校が成績の問題で駄目《だめ》だということがわかりました。「どうせ、いちばん行きたいところに行けないんだったら、星がいちばんよく見える高校に行く！」と言って、まず山の学校、次に海の学校を下見して、学校探しをやったんです。

もちろん夜に行かないと、どれだけ星が見えるかわかりませんから、夕方に学校に向かって、最終電車で帰ってくるという下見でしたが……。それで、神奈川県内でいちばん天の川がきれいに見えた丹沢連峰《たんざわれんぽう》の山麓《さんろく》、県北にある高校に進学しました。高校ではさらに知り合いが広がって、ついに天文台をつくってしまったのです。

――高校生で天文台をつくったのですか？

高橋　当時の天文雑誌には、全国の天体観測をしている天文同好会が作っている会報の解説記事が紹介《しょうかい》されていたのですが、私の書いたものがよく載《の》っていたのです。

それを読んだ読者のひとりで望遠鏡を自作するのが趣味だという双子《ふたご》の兄弟から「大きな望遠鏡を作ったのだが、置く場所がない。天文台をつくる場所を提供してくれれば協力したい、一緒に天文台をつくりませんか」との連絡《れんらく》を受けたのです。実は、そのとき私はまだ中学生だったのですが。

たまたま私たちのメンバーに、西丹沢の南端《なんたん》にミカン山を持っている農家の子がいました。そのお父さんに相談したら、「どこでも好きなところに天文台をつくっていい」と言ってもらえたので、高校の最初の夏休みに、みんなで山の中腹にブロックを運んで、コンクリートで基礎《きそ》を造って、ドームは鉄工所に設計図を持っていって作ってもらって、四十日ほどで完成しました。夜に銀色のペンキを塗《ぬ》り終えて完成させ、朝になってから山を降りると「あの山の上で光っているのはなんだ?」「一夜城だ」と街の人たちの間で話題になっていました。これが「山北天文台」と言って、(ドームの直径)三メートルの本物の天文台です。それでお披露目《ひろめ》を兼《か》ねて「山北星まつり」というイベントを企《き》画《かく》したのです。

――高校生になって、いろいろと仲間の輪が広がっていったわけですね。

高橋　でもね、そのお披露目の直前に、望遠鏡を誰《だれ》かに盗《ぬす》まれてしまったのですよ。

当時、お披露目会のことも、望遠鏡が盗まれたことも新聞に載ったのですが、今度はそのニュースを見て、「火事で燃えた自分の家の赤道儀《せきどうぎ》をあげる」という人が現れたの

いちばん初めに手づくりした山北天文台。ドーム内の望遠鏡が盗まれた。

です。それをもらってきて、真っ赤に赤さびた赤道儀をみんなで磨《みが》いてピカピカにして、自分たちの天文台に据《す》えつけました。

そうしたらさらに、やはりニュースを見た長野県の人から「望遠鏡を新しくするから、古いのを譲《ゆず》ってもいい」という申し出がありました。先輩のお父さんにクルマを出してもらって取りにいってみると、（鏡の直径）四十センチの巨大な望遠鏡で、山北天文台に持っていってみると、大きすぎて赤道儀に載らないのです。

結局、みんなでお金を集めて、アメリ

カ製の紙でできた小さな望遠鏡を買って、天文台を復元しました。

そうこうしているうちに、別のメンバーが福島県いわき市に天体観測所をつくるということになり、私たちの四十センチの望遠鏡はそちらに設置することにしました。そこはのちに三十センチ望遠鏡に換《か》え、四十センチの望遠鏡は現在、自宅の天文台におさまっています。また、長野県川上村にある町田市自然休暇《きゅうか》村の口径六十センチ望遠鏡を備えた天文台づくりと運営にも参加しました。

日食の素晴《すば》らしさを、みんなに伝えたい！

――天文台づくりが、今の職業に就くきっかけだった？

高橋　天文台づくりという自分の好きなことをしていたのが、今の仕事につながっていますね。思えば、のちにスペースガード協会の仕事を受けたときも「天文台をつくるのか」というノリでした（笑）。

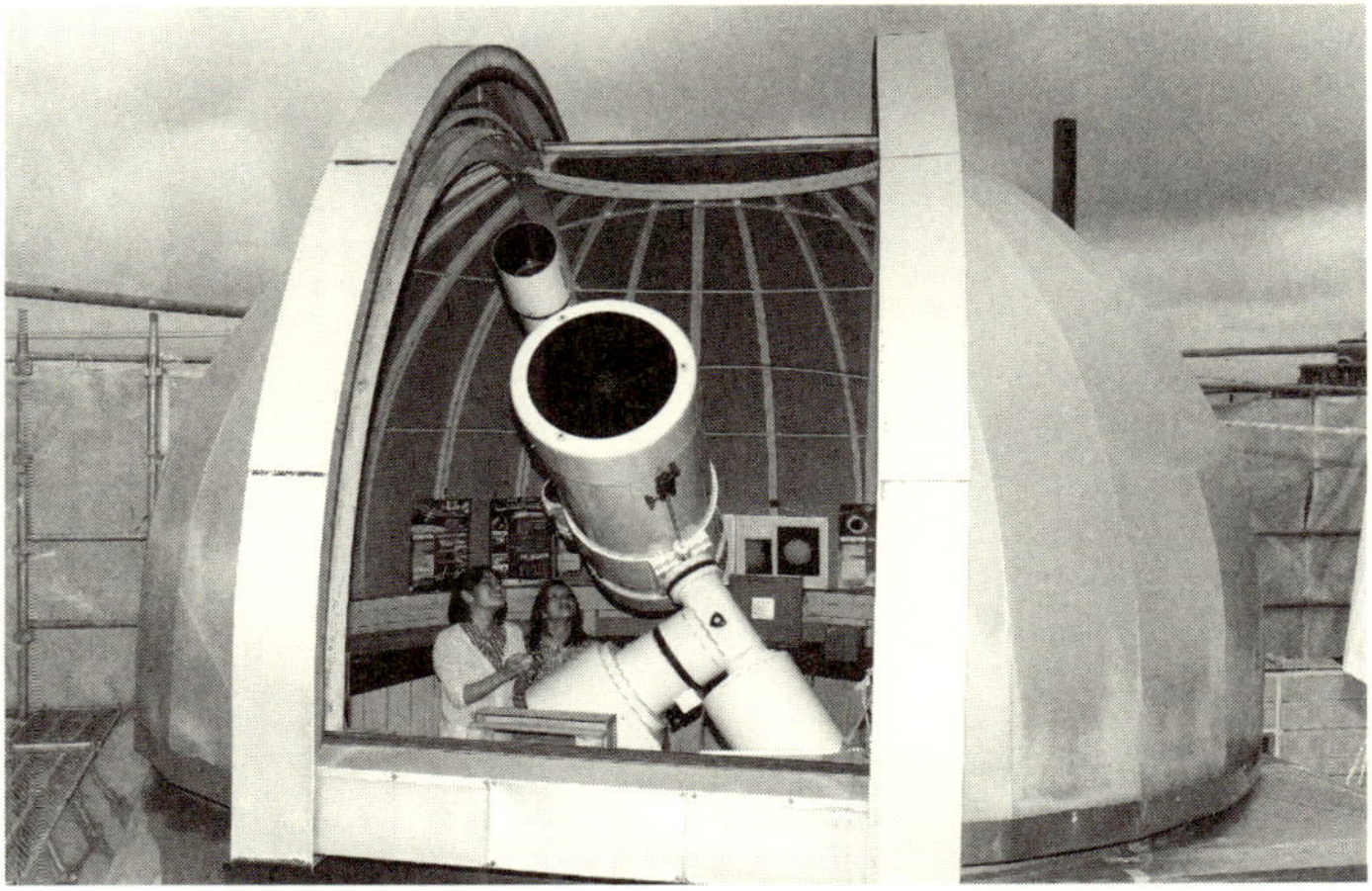

自宅に設置した天文台。（写真：村上裕也）

天文台をつくると、星を子どもたちに見せたくなります。天文教育活動を続ける中で、工学院大学の山口正博《やまぐちまさひろ》先生と知り合いました。山口先生から「だまされたと思って、日食を観《み》に行こう」と誘《さそ》われたのが、私の運命の大きな岐路《きろ》になりました。

先生と行ったのは、一九八七年九月二十三日の沖縄《おきなわ》の金環《きんかん》日食です。

実際に見ると「すごい」のひと言でした。皆既日食ならもっとすごいはず、と思って「次は半年後の一九八八年三月十八日、インドネシア、フィリピンで皆既日食？　行くしかないな！」と現地で盛り上がり、行くことを即決《そっけつ》しました。

翌年フィリピンのミンダナオ島ジェネラルサントスで皆既日食を観測して、日本に戻《もど》ったところで山口先生と天文学会で観測結果を発表することになりました。私にとって、これが初の学会発表でした。発表を終えると、当時京都大学の偉《えら》い先生に「君の解析《かいせき》方法にはいろいろ疑問がある」と詰《つ》め寄られて冷や汗《あせ》をかいていたら、横から「そうは言っても、このデータは貴重だよ」と助け船を出してくれる先生がいました。それが国立天文台の日江井榮二郎《ひえいえいじろう》先生だったのです。

その後、日江井先生とお茶を飲んで話していると、「高橋君っていったよね？　君は何をしているの？」と聞かれたので、「今は明星大学にいます」

「日野の明星大学？　うちに近いな。そのデータを持って私の家に来られるかい？」

「じゃあ伺《うかが》います」ということで、先生の指導を受けることになりました。

当時の私の観測は、素人《しろうと》が手探りでやっているようなものでしたが、先生にいろいろ教えてもらって、日食観測のおもしろさを新たにしていったのです。

数年経《た》った一九九三年四月、大学の私の部屋に日江井先生がやってきて「今度、明星大学の教授になりました、よろしく」とおっしゃったので、びっくりしました（笑）。

翌一九九四年十一月三日には、南アメリカのペルー、チリ、ボリビア、パラグアイ、ブラジルなどで皆既日食が観測できます。日食を観測する観測団を企画したら、明星学《がく》苑《えん》創立七十周年・大学創立三十周年の記念行事に位置づけられることになりました。最終的には、中学生から大学生、教職員と合わせて九十二人の大観測団になりました。

——大人数で、どんな観測になったのでしょうか？

高橋　ＪＩＣＡ（独立行政法人国際協力機構）に現地の状況《じょうきょう》を問い合わせたあと、日江井先生とパラグアイのアスンシオンで待ち合わせ、綿密な現地調査を実施しました。その結果、学生を連れて行くには、親日国のパラグアイがいちばん安全だろうということになりました。

公募《こうぼ》してみたら、大学生が約四十人で、あとの中高生はほとんど女子でした。このため、第二次の下見隊として当時の女子部の先生も、パラグアイで現地調査を行っています。

日食は、現地が曇《くも》りになってしまうと観測することはできません。大学の記念行事として行くのに、写真の一枚も撮《と》れなかったらまずい、ということになり、観測団をパラグアイ国内に二カ所、別働隊としてチリの四千メートル級の山の上に向かう国立天文台と国際観測チームの中にも学生を参加させ、三カ所に分散しました。

実は事前に、パラグアイのほうは曇る可能性が高く、チリは九十八パーセント晴れると言われていたのです。ところが、結果はパラグアイのほうがＯＫで、チリはうす雲がかかってしまっていいデータを取得できませんでした。私は、ボリビアの国境に近いパラグアイの牧草試験場で観測に成功しました。それ以後、日食観測団として毎回募集をかけて現地へ行き、学生に卒業論文などの指導をすることになりました。

日食は荘厳《そうごん》な現象です。天体現象はいろいろありますが、その多くは天文現象の情報がある人にしかわかりません。それに対して日食は、まったく情報のない街行く人でも、足を止めて空を見上げます。そして畏敬《いけい》の念にとらわれる、心を揺《ゆ》さぶられる現象なのです。

天文学に進む学生もそうでない人も、日食を観測した経験は、将来の力になります。

私は、その後も日食の感動を伝える仕事を続けました。

一九九五年にはインド、一九九七年にはシベリアへ日食観測団として行きました。シベリアは摂氏《せっし》マイナス三〇度の世界なので、希望する学生はいないと思っていましたが、卒論を書きたい学生が四人も集まりました。

国立極地研究所に行って摂氏マイナス三〇度に耐《た》えられる装備について助言をもらい、服や靴《くつ》まで研究費で揃《そろ》えました。一九九八年はカリブ海の仏領グアドループ島で、私と学生ひとり、それと国立天文台の人で行き、日食の当日まで研究会をしていました。

それで徹夜で観測して帰ってきたら、頭が痛い。病院に行ったら脳炎《のうえん》になっていて即入院です。視力中枢《ちゅうすう》に炎症《えんしょう》を起こしていて、翌日には視力もなくなる事態におちいりました。麻酔《ますい》を打ちながら治療《ちりょう》して回復したのですが、明け方に麻酔が切れて激痛に苦しむ中、病院で観測結果を解析《かいせき》し、論文を書き上げました。

一九九九年はトルコ。学生が四十人も集まったのですが、そのときはトルコ国内でテロが発生していて危険な情勢でした。しょうがないから二手に分けようということで、フランス隊と、研究のために親の承諾《しょうだく》書を取った大学院生を中心としたトルコ隊に分かれました。フランス隊は結局天気が悪くて駄目だったのですが、トルコでは、我々明星大学、国立天文台、京都大学の三グループが観測に成功しました。
二〇〇一年はアフリカのザンビア。このときは日本のアマチュア天文家が大勢やってきました。当時のザンビア政府の高官には、北海道大学に留学した人が多かったようで、観測が終わったら、日本大使館で祝賀会をやってくれることになりました。
私たちが声をかけた日本のアマチュアの人々を含《ふく》め、その祝賀会に参加した人は出国時の通関もフリーパスになったことを覚えています。

――スペースガード協会にかかわるようになったきっかけは?

高橋　二〇〇二〜二〇〇四年には観測条件のよい皆既日食がなかったので、当時スペースガード協会の理事長の磯部琇三《いそべしゆうぞう》先生が「ちょっと助けてくれないかな」と声をかけてきたのです。それで教育普及担当としてスペースガード協会の常務理事に就任し、小惑星衝突などのテーマも研究対象に加えることにしました。

ところが、二〇〇六年十二月三十一日、突然磯部先生が亡《な》くなられたのです。しかし当初、先生の死は公表されませんでした。当時、私は副理事長だったのですが、先生と連絡が取れないので、代行として来年度の契約《けいやく》の話をしはじめたところで、先生が亡くなったことを知りました。

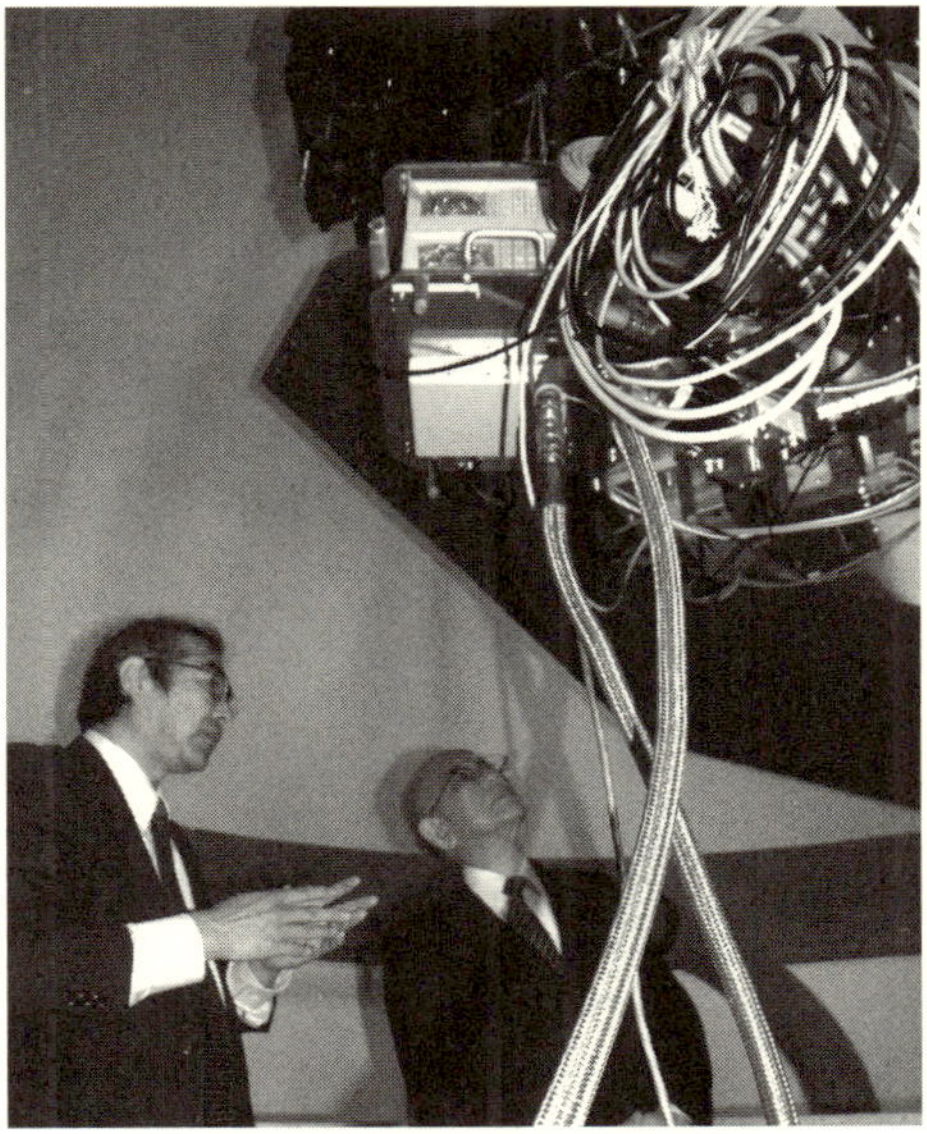
ノーベル化学賞を受賞した鈴木章先生（右）に説明する高橋さん（美星スペースガードセンターにて）。
（写真提供：日本スペースガード協会）

来年度の契約どころか、一週間以内に新理事長を決めないと、法人登記を最初からやりなおさなければならないというスペースガード協会存続の危機に見舞《みま》われ、そこで私が理事長になることになったのです。

当初、理事長職は一年間限りのつもりだったのですが、結局九年弱務めました。

二〇一五年六月にやっと引退することができ、フリーになったわけです。

スペースガード協会はスペースデブリと小惑星の観測がミッションですが、私が理事長だった二〇一三年、ロシアのチェリャビンスクに大きな隕石《いんせき》が落下して、小惑星衝突から地球を守るスペースガードの重要性が注目され、スペースガード協会の社会的認知《にんち》度が高まりました。

スペースガード協会では、教育普及として「スペースガード探偵《たんてい》団」と題して、子どもたちに新天体の「発見」をさせる科学体験教育活動を行っています。小惑星を発見できれば、たとえ小学生でもそれだけで感動だし、新しい天体として登録されるので、科学に貢献《こうけん》できた実感を持つこともできます。このイベントは二〇〇八年からはじめて、今までに十五個くらい新天体が見つかっていまして、中学生が見つけて登録された新天体も三個あります。

その子たちの写真は、中学校の理科の教科書にも載っています。

そして、スペースガード協会を引退した今、私は、明星大学と武蔵野大学の教育学部で、また神奈川工科大学、麻布大学で理科の教員を志望する学生に天文学、地学、環境《かんきょう》教育、理科教育法などの講義を受け持ち、理科の教員養成に力を入れています。将来理科の先生となる学生には、児童・生徒に自然の魅力と感動を与えられる先生になってほしいですね。

学校で、授業だけでは得られない感動を子どもたちに与えることができて、なおかつ、地域における天文教育の核《かく》になれるような先生の育成を目指しています。

出会いはチャンス。チャンスをとらえる感性をみがけ！

——子どもの頃からの話をお聞きして、ずっと自分が覚えた感動をまわりに知ってほしい、ということが先生のモチベーションになっている気がします。大学では何を研究したのでしょうか？

高橋　大学の卒業研究は核物理学、大学院の専攻《せんこう》は宇宙人間科学です。

物理学科に入ったのですが、残念ながら天文の先生がいなかったのです。卒論のテーマを決めるときに、天文学に近い宇宙線（宇宙空間を飛びかっている放射線）の研究をしている先生がいたので、「銀河宇宙線や宇宙の誕生といったテーマを卒論で取り上げたい」と言ったら、専門外ということで相手にされませんでした（笑）。

それで隣《となり》の部屋の原子核物理学の野上燿三《のがみようぞう》先生の部屋をノックして、「研究内容を教えてください」と言ったら、コーヒーとパンを出されてその場で二時間講義されてしまって（笑）。

「君は何をやりたいの？」と最後に聞かれたので「天文です。でもこの大学に天文の先生がいなくて……」と答えると、「それならうちの研究室がいいんじゃないの？　君、太陽ってどうして燃えているかわかる？」「核融合《ゆうごう》です」「うちは核物理学に関する研究だよ？　太陽を知るには核反応を知らないといけないでしょう。天文はわからないけど、宇宙の基礎は勉強できるのではないか？」という感じで、研究室を決めました。

それ以前、大学一年のときは、地学の松井泰蒔《まついひろし》先生の部屋に入り浸《びた》っていましたね。

そのうち、その先生のところに行くと、逆に先生から宇宙に関する質問状が出されるようになって、翌週、私が天文の情報を教えるかわりに、先生から地学をじっくり教えてもらう、という関係になりました。

そんなわけで、卒論は核物理学、天文は地学の先生のおかげで自主勉強することができたのです。その後、大学院では宇宙人間科学、宇宙時代の天文教育、地球科学教育など、理科教育関係の研究をしました。

――これまで、いちばん大変だったことはなんでしょうか？

高橋　研究に関しては、あまり落ち込んだりしたことはないですね。

原稿《げんこう》が書けないというジレンマは何度もありますが、研究そのもので行き詰まった経験はあまりなく、幸運にも悩《なや》んでいると行き詰まる前に誰かが助言してくれたり、次のチャンスがやってくるのです。

日食の研究をしていたときには、たまたまスペースガード協会で仕事をすることになって、そっちに没頭《ぼっとう》することになりましたし。

まわりの人に助けられているということは、中学生の頃からわかっていました。だから「出会いはチャンス」だと思っています。

その出会いから何か新しいことができないか、ということも常に思っています。出会う人は、その場限りの関係ではなく、一生つきあっていけたらいいな、と思っていつも接しています。

その場でとても楽しい思いをしても、長くは関係が続かない場合もありますが、ずっとあとになってからでも、また一緒に仕事ができるといいな、ということを期待しています。

私には、常に助けられているという意識があるので、来てくれる人に対して手伝ってあげられることがあれば、そうしたいと考えています。

出会いはチャンスなんですが、私たちはそのチャンスになかなか気づかない。自然も同じです。

たとえば天体現象は、小さな子どもにも研究者にも平等に訪《おとず》れるのです。研究者は手法を知っているから、それに研究として向き合う。けれども、それ以外の人は、何も気づかずに終わってしまうほうが多いわけです。

重要なのは、受け止める側の感性です。それをチャンスと思って、受け止める側の器《うつわ》を大きくすれば、チャンスを人生のプラスになるように使えるわけです。

チャンスを無駄にせず、大事にしていくことが成功の秘訣《ひけつ》だと思いますね。

ミッション 4

これからの宇宙は
ビジネスチャンス!

WORLDLY WISDOM
FOR 14 YEARS OLD

mission

誰《だれ》もが宇宙に行けるように！

これまで宇宙は、ほとんど国の機関によって選ばれた宇宙飛行士だけが行ける場所でした。しかし、近い将来、宇宙飛行士でなくても、宇宙に行くことができる時代がやってこようとしています。――それが宇宙旅行です。

飛行機のチケットを買って旅行するように、好きな宇宙旅行会社を選んで、宇宙船に乗って旅立つ。それが宇宙旅行です。宇宙旅行には、ヴァージン・ギャラクティック社・Ｘコア（ＸＣＯＲ）社、ボーイング社など、多くの民間の企業《きぎょう》も参加しています。

現在予定されている宇宙旅行には次のようなものがあります。

○サブオービタル宇宙旅行……準軌道《きどう》宇宙旅行ともいう日帰りの宇宙旅行です。専用のスペースポート（宇宙港）の滑走路《かっそうろ》から離陸《りりく》。高度百キロメートルの宇宙空間に到達《とうたつ》すると、エンジンを切って自由落下し、約五分間の無重力状態を体験。再び同じ滑走路に着陸します。打ち上げ前に二日ほどレクチャーや健康診断《しんだん》がありますが、健康な人ならほぼ誰でも宇宙へ行けます。価格は千五百万〜三千五百万円ほど。

○国際宇宙ステーション（ＩＳＳ）への旅……ロシアの宇宙船ソユーズや民間企業が開発する宇宙船をロケットで打ち上げ、国際宇宙ステーションにドッキング。一定日数ステーションに滞在《たいざい》します。ソユーズ宇宙船で宇宙に行く場合は、ロシアの「星の街」で民間人宇宙飛行士としての訓練を八百時間ほど受けなくてはなりません。価格は約五十億〜六十億円ほど。

PROFILE

高松 聡（たかまつ・さとし）

民間人宇宙飛行士
クリエイティブ・ディレクター

筑波《つくば》大学基礎《きそ》工学類卒業後、電通に入社。コピーライター・CMプランナーを経て、クリエイティブ・ディレクターとして活躍《かつやく》。電通を退社しクリエイティブ・エージェンシー GROUNDを設立。また、宇宙でCM撮影《さつえい》を実現する「SPACE　FILMS」、宇宙旅行代理店「SPACE TRAVEL」の代表でもある。

○月旅行……ロシアのソユーズ宇宙船に乗っていったんＩＳＳにドッキングし数日滞在、その後月を目指す専用宇宙船に乗り換《か》えて月に向かいます。月までは片道約三日、月に到着後は月を回る軌道に乗って、月の上空約百～千キロメートルを一周。月の裏側を見てから地球に帰ってきます。ＩＳＳへの旅と同様に旅行前には、ロシアの「星の街」で訓練を受けることになります。価格は百五十億～百八十億円ほど。

視力が足りずに宇宙飛行士を断念

――宇宙旅行代理店を立ち上げようと思ったきっかけはなんでしょうか？

高松　一九六九年、六歳《さい》のときにアポロ11号の打ち上げをテレビで観《み》て、はっきりと残っている最初の記憶《きおく》と言っていいくらいの衝撃《しょうげき》を受けました。しかも私がテレビで観た時刻が、たしか夜だったと記憶しているのですが、窓から月が見えていまして、「今こ

高度約400キロメートルの宇宙空間を飛行する国際宇宙ステーション（ISS）。
（写真提供：JAXA ／ NASA）

の瞬間《しゅんかん》、月の上を人間が歩いている。人間って、文明ってすごいな」と思いました。

もちろん当時「文明」という言葉は知らなかったと思いますが、そんなふうに感じて、宇宙飛行士になりたいと思ったのです。大学四年生まではストレートに宇宙飛行士を目指そうと考えていて、大学も理工系に行きましたし、卒論も宇宙に関係するものにしました。

一九八五年、毛利《もうり》衛《まもる》さんたちが宇宙飛行士に選ばれた最初の募集《ぼしゅう》のとき、応募書類を取り寄せたら、なんと私は裸眼《らがん》視力が足りないとわかったのです。そこで泣く泣く諦《あきら》めました。

そこで、宇宙飛行士になれないのなら、アメリカに留学してＮＡＳＡ（アメリカ航空宇宙局）に就職してみようかとも思ったのですが、職場で毎日憧《あこが》れの宇宙飛行士を見ながら、自分は一生宇宙に行けないというのは逆に苦しいかもしれないと思って、宇宙から完全に離《はな》れようと決心したんです。

それで、広告代理店の電通に入りました。なぜ電通だったか正直に言うと、広告が好きだったわけでも、マスコミを目指していたわけでもありません。宇宙飛行士のかわりに、なんでもいいからやりがいのありそうな仕事を選んだという感じでした。

広告代理店の社員として十年以上広告の仕事をしているうちに、宇宙でＣＭを作れば、ちょっと遠回りだけれど、半分宇宙が職場になるのではないかと考えました。

そんなとき、「国際宇宙ステーションの民間利用アイデア公募」という新聞記事を見かけました。それは旧宇宙開発事業団（ＮＡＳＤＡ、現在は統合されてＪＡＸＡ）が、日本の実験棟《とう》「きぼう」が完成したとき、その民間利用が妥当《だとう》かどうかを議論するためのテストケースとして、一度だけ国際宇宙ステーション（ＩＳＳ）を民間に利用させてみようというパイロットプロジェクトでした。

私は「これだ！」と思ったのですが、応募要項《ようこう》を見たら、締《し》め切りがなんと翌日でした（笑）。

それで徹夜《てつや》で「宇宙ステーションにおけるCM制作のフィージビリティ・スタディ」という企画書を書き、会社を通している時間がないので個人の「高松聡」名義で書類を提出しました。それが書類審査《しんさ》を通って、最終プレゼンも通ったものですから、後付け的に会社の許可もいただいて、宇宙にかかわる仕事をすることになったわけです。すごく遠回りをしたのですがチャンスを摑《つか》むことができました。

それで二〇〇一年にポカリスエットの宇宙CM、その後、「NO BORDER」という平和をテーマにしたカップヌードルの宇宙CMを作ることができました。

二〇〇一年、ポカリスエットを打ち上げるロシアのソユーズロケットを撮影しにバイコヌール宇宙基地に行ったとき、そのソユーズロケットには、偶然《ぐうぜん》にも世界で初めての宇宙旅行者である、デニス・チトー*さんが乗っていました。

そこには当然、チトー氏を宇宙へ送り出したスペース・アドベンチャーズ社の創業者

＊　**デニス・チトー（1940年〜）**｜アメリカの技術者、企業家。2001年、世界で初めて自費で宇宙旅行をした。

のエリック・アンダーソン氏もいて、そのときはお互《たが》い知らなかったのですが、のちにビジネスパートナーになっていくのですから、縁《えん》というのは不思議なものです。当時、ロシアを相手にして、宇宙に物や人を運ぶ大変さをお互いよくわかっていたので、私とアンダーソン氏との間には、ある種のシンパシー（共感）が生まれていったのだと思います。

実は、スペース・アドベンチャーズ社の日本代理店は、最初は別の会社がやっていました。ですが私の宇宙での仕事の実績や、アンダーソン氏との縁もあって、私の会社が代理店を引き継《つ》ぐことになったのです。そこで「SPACE TRAVEL（スペーストラベル）社」を設立したというわけです。

――宇宙旅行のいちばんの問題は、料金が高いということだと思います。実際に申し込《こ》みはどれくらいあるのでしょうか。

高松　代表の私がこう言ってはいけないのかもしれませんが、これが意外にも売れているのです。

最初日本では、「高額な宇宙旅行は売れないだろう」と言われていました。日本にも大変な資産家は何人もいますが、一年近い訓練に参加する時間はないだろうと思われていました。しかし、会社を作った七年前には思ってもいなかったふたつの現象が起きて、ビジネスとして成立しはじめてきたのです。

ひとつは、二年ほど前からXコア（XCOR）社の正規代理店になって、「サブオービタル（準軌道宇宙旅行）」を扱《あつか》うようになったということです。

サブオービタルの値段は千五百万円くらいなので、この金額だとけっこう希望者がいるのです。たとえば高級車を買うような方だと、「千五百万円ならクルマより安い」という感覚もありますので、すでに何人もの方がチケットを購入《こうにゅう》しています。「子どもに宇宙を見せてあげたい」という方もいます。こういった方々はこれからますます増えていくと思います。

宇宙旅行は、有名なヴァージン・ギャラクティック社を含《ふく》めて、いつ本格的な商業飛行に入るのか？　という疑問があると思います。実際、二〇一四年にはヴァージン・ギャラクティック社の宇宙船「スペースシップ・ツー」が、試験飛行中に空中分解して副操縦士が死亡したという事故も起こっています。

しかし二〇一七年にも、ヴァージン・ギャラクティック社、Xコア社、さらにはアマゾンの創業者ジェフ・ベゾスが手がけるブルー・オリジン社等が商業飛行をはじめると私は推定しています。そうなると一気に旅行希望者は何十倍にもなるのではないかと思います。

もうひとつの非常に高額な宇宙旅行「ISSへの旅」や「月旅行」も、少し私のネットワークが広がっていって、興味を示される方によく出会うようになってきました。

それに加えて、「スペーストラベル社の商圏《しょうけん》は日本国内だけ」という契約《けいやく》ではじまりましたが、現在は世界に広がろうとしています。ということで、宇宙旅行は思ったより売れているという状況《じょうきょう》にあります。

予想以上に大変だった宇宙ＣＭの制作

――これまで学生時代から宇宙に憧れて半生を歩んできた中で、もっとも大変だったのはどんなときでしょうか？

高松　まず「宇宙でＣＭを撮《と》る」というのが、本当に大変でした。

宇宙のＣＭは、国の機関である宇宙開発事業団が採用し、ロシア宇宙庁に橋渡《わた》しするという企画でしたので、普通《ふつう》採用されれば問題なく制作できると考えます。ましてや、クライアントは、もっとそう思います。

しかしロシア宇宙庁から見れば大変急な話でした。宇宙関連のプロジェクトというのは短くても数年単位の計画で進められます。最初の提案から一年以内でプロジェクトを実行するというのはかなり非常識な提案だったのです。さらに「宇宙でのＣＭ制作」となるとロシアサイドからはかなり突飛《とっぴ》な企画だと思われたことは間違《まちが》いありません。当時は、いろいろな理由で「今回のプロジェクトは実施《じっし》不可能」という宣告を何度もロシアから突《つ》きつけられました。しかし私は「できません」とはクライアントには言えませんでした。場合によっては上司にも言えないということも何度もありました。

ロシア宇宙庁から正式に書面で実施不可能と来てしまったこともありました。そうなると「もう諦めるしかないのか？」ということに普通はなってしまいます。

もちろん中止の理由は、それなりに合理的で、やみくもにやりたくないと言っているわけではありません。多少技術のことはわかるので、理由もわかるのですが、こちらはクライアントに「駄目《だめ》でした」と言うわけにはいきません。ですから、それを人に言わないで自分の中でなんとか消化して、「できる」というところまで事態をひっくり返す……。その過程が非常にしんどかったですね。

もうひとつは、会社の反応です。

宇宙を舞台《ぶたい》に仕事をする場合、事故の可能性がゼロではありません。ロケットの打ち上げが失敗することも考えられます。そのため会社の上層部の会議で「高松が宇宙でＣＭを撮るという企画を勝手にやっているが、事故が起こったらＣＭができないじゃないか」という話が突然出たのです。

「その場合はもう一回、無料で半年後にトライできます」と説明すると「いや半年後では新商品ではなくなっているから、ＣＭの意味がない」「半年後でもいいかもしれないが、事故が起こったら宇宙飛行士が犠牲《ぎせい》になるかもしれない。それではネガティブキャンペーンになってしまう」と言われてしまいました。

会社のある上司にも「このプロジェクトを中止しろ」と命令されたことがあって、それを無視して進めたのですが、どちらからにせよ「やめろ」と言われるのはやっぱりしんどいですね。プロジェクトを進める前に、「宇宙なんて、商品に関係ないからやめろ」と言われるならまだいいですけれど。

三つ目は、これはＣＭを撮っている現場でのことですが、宇宙では当然のことながら撮影をしているのがプロのカメラマンではなく宇宙飛行士でした。

おまけにプロの役者ではない宇宙飛行士が、ポカリスエットを持って芝居《しばい》をすることになっていました。いかに有能な宇宙飛行士とはいえ、マニュアルだけで撮ってちゃんとＣＭの映像が撮れるわけがありません。

モスクワ郊外《こうがい》にあるツープの宇宙飛行管制センターのモニターを見ながら、私がインカムからリアルタイムで指示を出して撮るという予定だったのですが、撮影時間は十分くらいしかないのです。宇宙ステーションがロシア上空を通過するときしか通信できないからです。その十分と、九十分後の十分の計二回だけが私に与《あた》えられた時間でした。
その二十分の間にもっとも重要なシーンを撮らなくてはならないため、それ以外の部分は、モニターなしで宇宙飛行士がマニュアルどおりに撮るということにしたのですが、ダウンリンク（人工衛星や宇宙ステーションから地上の受信者に向けて送られる電波）が不調で、ノイズのままでいっこうに画《え》が来ません。最初の十分間は結局何も撮影できずに終わってしまい、何が問題かわからないまま、九十分後になってしまったのです。

——九十分後というのは、ＩＳＳが地球を一周してきたわけですね。

高松　そうです。結論としてはケーブルのつなぎ方が間違っていたのですが、ＩＳＳが地球を一周している間に問題を解決しないといけません。しかも、宇宙飛行士が青いフライトジャケットに着替《きが》えていないこともわかりました。

青いフライトジャケットを着て青い地球をバックに青いポカリスエットを持つから、青・青・青でいいのです。「Tシャツはやめてくれ」と言っていたのですが、ちゃんと伝わっているのかどうかもわかりません。

これでは不安すぎるということで、ロシアの担当者がツープ管制センターからNASAに電話してくれて、NASA経由で地球の裏側にいるISSにいくつか指示を出してもらったのです。

これがもしテレビ中継《ちゅうけい》で五分間も映像が来なかったら大事故です。二回目でも一秒も映らなかったら、私は広告界でもっとも悲惨《ひさん》な失敗をした者として生きていくしかない、という恐怖《きょうふ》を感じていました。

そして二回目、画像は最初安定しませんでしたが、ついにモニターに画が現れたのです。

ですから、一回目、何も映らなかったときはまさに地獄《じごく》というか、このままでは帰れないという気持ちでした。次のチャンスまでの九十分間、何がどうなっているのかわからない時間も地獄で、二回目のダウンリンクで画が降りてきたところから撮り終わるまでは、仕事をしている中で、「上がる」というか、まさに天国でした。もっとも、とても慌《あわ》ただしい緊張《きんちょう》した天国でしたが。

一秒刻みで、マニュアルの何ページの何を飛ばしてとか、何を何秒撮ってなどの指示を出し、それがちゃんと進んでいる。しかも、宇宙にいる宇宙飛行士とライブで話をしている……宇宙にいる人と話をするのは初めてだし、それがライブで来ている映像を見ながら、「ちょっと右を向いてほしい」と言えばちゃんと右を向いてくれるし、それはもう非常に嬉《うれ》しいことでした。

撮影が無事に終わって、ちょうど九十分前には真っ暗な雰囲気《ふんいき》だったツープ管制センターが、一気にみんなで握手《あくしゅ》するような感じになったのが、本当に天国だったと思います。

――最悪の出来事と最高の出来事は、裏表のような関係だったわけですね。

高松　自分がそのとき取り組んでいるものが、自分にとって、すごく重要なものであればあるほど、何かがうまくいかないと最悪で地獄、うまくいくと最高になりますよね。

自分にとってすごく大事なことは、宇宙で仕事がしたいということでした。二〇〇一年当時、私は三十八歳で、遠回りしてようやくロシアのツープ宇宙飛行管制センターに乗り込んでインカムして、テストして。それが夢であったからこそ、たったひとつ、ダウンリンクの映像が来るか来ないかで、夢が悪夢にもなったわけです。

逆に映像がひとつ来るだけで、それまで誰もＩＳＳでＣＭというか、商業的な撮影をしたことがなかったので、それを実現しているというすごい喜びがありました。

「情熱」で宇宙へのドアを開いていく！

――あちこちから「中止しろ」と言われても、成功までつなげたいちばんの要因は、自分ではなんだと思いますか？

高松　自分で言うのは恥《は》ずかしいけれど、正直に言うと「情熱」じゃないかと思います。サラリーマンだったから、やってもやらなくても給料は変わらないし、やめろと言われてやったら、給料が下がるかもしれませんし。やりたかったんでしょうね、きっと。

違う言い方をするなら、「意地」もあったと思います。「意地」というのは、自分が「できる」と言ってできないのは、自分への敗北ですよね。こんなに自分が憧れていたところで、こんなに大きな敗北をしたら、人生立ち直れなくなるのではないか、という意地。絶対にこれはやり遂《と》げないといけない、自分で自分を否定したり、限界を見たりするわけにはいかない、という意地の部分はありましたね。

――高松さんは、民間宇宙飛行士としての活動もしていますね。

高松　宇宙旅行の代理店を仕事にしていて、人に宇宙旅行を紹介《しょうかい》したり、契約したり、視察に行ったりするようになり、プレゼンなどをしたりしているうちに、一昨年「歌手のサラ・ブライトマンのバックアップクルー（交代要員）として、宇宙飛行士のトレー

宇宙服とブルースーツを着る高松さん。

ニングを受けないか」という話が舞《ま》い込んできました。これまで宇宙でのプロジェクトを三回やってきているわけですが、自分がバックアップとはいえロシアで一年近く訓練を受けるとなると話が違います。とても大きな決断でした。仕事も一部手放さなければいけなくなりますし、コストも莫大《ばくだい》です。

このバックアップクルーの訓練のとき、ついに「星の街（ロシアのモスクワ近郊にある宇宙飛行士訓練センター）」に来て、青いフライトジャケットや白い宇宙服を着て訓練ができることになりました。シミュレーターでカウントダウンを聞きながらプロの宇宙飛行士たちとソユーズの操作をしていると「すごい、本当に宇宙飛行士の訓練をやっているんだ」と何度も感動しました。ましてや自分専用の宇宙服を採寸して作るわけですし、訓練も宇宙飛行士とすべて同じ訓練をするので、まるで夢のようです。それが今も続いている感じです。

私は運命論者ではありませんが、あのときポカリスエットなどのCMをやっていなければ、スペーストラベル社もはじめていないし、バックアップクルーの訓練も受けていないでしょう。

ちょっと教科書的で模範《もはん》的すぎる言い方かもしれませんが、「運命は切り拓《ひら》くもの」ということはあるのではないでしょうか。トライしてもできることとできないことはもちろんあるけれど、自分が好きなことであれば、精一杯《せいいっぱい》努力をしていけば、宇宙への最初のドアが開く。最初のドアが開いて、そこでさらに努力をすると、次のドアが開く。とくに最初のドアは非常に重いのですが、その重いドアを開けると、こじ開けたときの筋力がついているので、次のドアを開けやすくなるというか、運命を切り拓く流れができてきます。

静止しているところから動き出すのには、最大のエネルギーがいります。しかし、一度動きはじめたら、動き続けるのが楽になってくるのです。

――最後に、宇宙にかかわる仕事を目指す読者にメッセージをお願いします。

高松　私自身、宇宙飛行士への夢が破れて、やぶれかぶれで電通に入った人間です。それから電通で宇宙とはまったく関係のない仕事をしていたわけですが、三十八歳のとき、私はCMを撮ったりコピーを書いたりということでは、「プロ」になっていました。

何かのプロであるなら、それを宇宙と掛《か》け合わせることができるんじゃないか、と考えています。たとえば、建築家になっていたとしたら、宇宙で建物を造って活躍する方法があるかもしれない。食品会社に入っていたら、宇宙食という視点で宇宙にかかわる、とかですね。おもしろい例としては、二〇一五年には、イタリア宇宙機関とイタリアの大手コーヒーブランドがエスプレッソマシンを開発して、宇宙ステーションに運び込んでいます。

自分の夢にストレートに辿《たど》りつける人は幸せだと思います。たとえばサッカー選手になりたくて、Jリーガーからヨーロッパのチームまで行ってしまうような人は、それはそれでもちろん最高に幸せですけれど、いったん別な世界へ行ってから夢を追うのでも、遅《おそ》くはないと思います。

「頑張《がんば》れば夢は叶《かな》う」というのは少々無責任だとは思いますが、私は少なくとも「頑張らなければ夢は叶わない」とも思います。自分の職業の中で、一流のプロになれば、プロであることと宇宙を掛け合わせることを真剣《しんけん》に行えば、多くの方が宇宙を職場にすることが可能になっていくと思うのです。

でも、自分が今やっている宇宙以外の仕事で、プロ中のプロだと言えるくらい頑張っていないと、宇宙を職場にするのは難しいと思うのです。

ただ漠然《ばくぜん》と頑張っているだけでは駄目だけれど、その仕事のジャンルに関しては自分が一、二を争うくらい詳《くわ》しいとか、実績があるとか、ネットワークがあるとかだったら、道は拓けます。

宇宙でCMを作る、ということも聞いただけだといかにもできそうですが、実際に最終審査に残るのはかなり大変なことです。

実際CMと宇宙はかなり離れた世界で、なかなか後継者が現れてきません。

でも、宇宙が本当に好きで、情熱があり、努力をすれば、必ず人生の中で、「宇宙を職場にする」ためのとっかかりは見つかると思います。

情熱があって努力をすれば、「宇宙を職場にする」入り口のドアはあちこちにあると、私は思います。最近では女性の宇宙飛行士も多いですから、宇宙で使える化粧品《けしょう》を作ろう、ということでもいいのです。その仕事がどんどん広がっていって、いつの間にか宇宙コスメティック会社を立ち上げてしまいました、ということになるかもしれません。

私だって、宇宙CM制作会社を作って、宇宙旅行代理店を作って、今度はISSに行く仕事をするところまでドアが開いたのですから。

私は今五十代半ばです。若い頃《ころ》にはそんな年代の人は、おっさんというかおじさんで片足棺桶《かんおけ》につっこんでるくらいのイメージを持っていましたが、意外に宇宙というテーマにかかわっていると、老《ふ》けるのが遅くなる効果があるのではないかと思います。とくにバックアップクルーをやると決めてからは、体力の維持《いじ》と健康であることが仕事というか必須《ひっす》になってしまっています。

ロシアの「星の街」に行くと、頻繁《ひんぱん》に血液検査があって、健康でいないといけません。今、基本的な訓練を終えて帰ってきて数カ月経《た》ったところですが、食生活とか運動とかすごく気にしています。以前は、深夜にラーメンの大盛りを毎日食べるみたいな広告マンだったんですけれど、今は深夜に炭水化物なんてとんでもないと思うようになりました。毎日プロテインを飲んで、週に二回筋トレしているとは我ながら驚《おどろ》きです。

かつて裸眼視力が足りなくて宇宙飛行士に応募できなかったという二十二歳のときの大きな挫折《ざせつ》があるので、次にまたフィジカルの問題で行けなかったら、本当にしんどいですから。それこそ地獄中の地獄になってしまいますからね。

——宇宙旅行が盛《さか》んになれば、より多くの人が宇宙に行ける時代がやってきます。

高松　今、宇宙に行くには、ロシアのソユーズしか方法はありませんが、もう少ししたら変わります。

民間企業のスペースX社は、宇宙船「ドラゴンV２」と打ち上げロケットの「ファルコン９」で、宇宙飛行士をＩＳＳに運ぶ契約をＮＡＳＡと交《か》わしています。一方、世界最大の航空機メーカーであるボーイング社は、宇宙船「ＣＳＴ－１００」を使った宇宙飛行士の輸送や宇宙旅行を計画しています。

今は、民間人がＩＳＳに行くには、四年に一人くらいしか枠《わく》がありません。スペースX社とボーイング社の定期運航がはじまると、うまくすれば年に四、五人の民間人がＩＳＳに行けるようになるのではないでしょうか。

宇宙旅行は、誰もが夢見る宇宙に行きたいという気持ちをそのままパッケージした宇宙民間利用なので、商業的にも大きなチャンスがあると思っています。

これから十年したら、年間何百人が宇宙に行くという時代が来て、民間の宇宙ステーションができているでしょう。そうやって宇宙に出て地球を見るという方法論、選択肢《せんたくし》が加速度的に増えていくと思います。

たとえば、以前は航空会社のエアチケットを買うにも、別々のオフィスに行かなければなりませんでしたが、現在では旅行代理店を通してどの航空会社のチケットでも買うことができます。宇宙旅行に関してはまだその仕組みが完全にはできていない状態なので、宇宙旅行会社は自社でもチケットを売っています。

近い将来、宇宙旅行は宇宙旅行代理店で買うのが普通になる時代が来るでしょうし、そうすれば現在十四歳の人にも、将来の仕事として宇宙旅行代理店も選択肢のひとつになるのではないでしょうか。

宇宙に行って、地球を何時間も眺《なが》める、地球の向こう側からの日の出を見るというのは素晴《すば》らしい体験です。一生に一度でも宇宙に行ってみるのは、値段はたしかに高いですが、生涯《しょうがい》忘れ得ない思い出となるでしょう。その体験を提供する宇宙旅行代理店にはとてもやりがいを感じています。

We want to
work
related to
the universe.

おわりに

日本は、宇宙開発でも天文学でも、世界に誇《ほこ》るべき実績を持った国です。そればかりでなく、いろいろな「宇宙にかかわる仕事」が、数多くある国でもあります。

この本によって「宇宙」にかかわるには、いろいろな方法があるのだと感じていただけたと思います。

この本で語られている「先輩《せんぱい》」たちのお話を読んで、「ぜひ私も」と思った人たちは、どんどん自分の夢に向かって突《つ》き進んでほしいと思います。

それは、これからあなたを待ち受ける大冒険《だいぼうけん》のスタート地点かもしれません。

その一方で「夢」とは、必ずしも、諦《あきら》めなければ実現できるというものではありません。

時には残念で、受け入れがたい結果をもたらすこともあるでしょう。

でも、やはり「夢」は持ち続けるものです。持ち続けた結果、叶《かな》う「夢」もあるでしょうし、そこから新たな道が拓《ひら》けてくることもあります。本書に登場いただいた先輩たちには共通して、叶っても叶わなくても、夢を持って「あがき続けること」「現実を柔《じゅう》軟《なん》にとらえること」の大切さを教えていただいたような気がします。


「宇宙」は、限られたひと握《にぎ》りの人たちのものではありません。

私たちは今、この宇宙の中で生きているのですから、興味を持つのは当たり前です。

宇宙は、みんなのものなのです。

私は宇宙のことを考えていると、自分がとてつもない大冒険をしているような気持ちになります。

宇宙はどんなふうに生まれて、これからどうなっていくのだろうか。

なぜ自分は、今、宇宙の『ここ』にいるのだろうか。

謎《なぞ》が次々に浮《う》かんできて、時を忘れてしまいます。

宇宙を知ることとは、過去と未来を知ること、そして私たち自身を知ることです。

宇宙への夢とは、人間が持つ究極の謎への挑戦《ちょうせん》なのかもしれません。

この本が宇宙に興味を持って、宇宙にかかわる仕事に就《つ》きたいと思ったあなたに、少し勇気を与《あた》えることになれば、とても幸せに思います。

最後になりましたが、お忙しい時間をさいて取材にご協力いただきました皆さまに厚く御礼申し上げます。

著者紹介

村沢譲（むらさわ・ゆずる）

宇宙作家クラブ会員。東宝映画『宇宙兄弟』では、外部スタッフとして月や月面の設定等にかかわる。著書に、『世界一わかりやすいロケットのはなし』（KADOKAWA）、『日の丸ロケッツ〜日本宇宙開発物語〜』（文芸社）、『月への招待状』（インプレスジャパン）、『スペースシャトル飛行記録』（共著・洋泉社）など。その他、執筆した科学関連書籍、雑誌は多数。

14歳の世渡り術 宇宙《うちゅう》を仕事《しごと》にしよう!

2016年11月20日　初版印刷
2016年11月30日　初版発行

著　者　村沢譲

イラスト　稲葉貴洋
ブックデザイン　高木善彦

発行者　小野寺優
発行所　株式会社河出書房新社
〒151-0051　東京都渋谷区千駄ヶ谷2-32-2
電話　(03)3404-8611(編集)／(03)3404-1201(営業)
http://www.kawade.co.jp/

印刷　凸版印刷株式会社
製本　加藤製本株式会社

Printed in Japan
ISBN978-4-309-61704-6